高职高专"十二五"规划示范教材

电工电子技能训练

主　编　朱晓慧
副主编　孙昌权　翟利萍
主　审　张国峰

北京航空航天大学出版社

内 容 简 介

本书共有电工基本技能操作、室内线路的配线与安装、三相异步电动机基本控制电路的安装与调试、电子基本操作技能、常用电子产品的制作与调试五个技能训练项目，每个技能训练项目又由不同的工作任务组成，每个任务都有相应的训练项目，突出培养学生的动手能力。本书适用于工作过程系统化的教学模式，教学过程建议集中在维修电工实训室和电子装配实训室中完成，突出职业能力的培养。

本书运用了大量的实物和实际操作图片，图文并茂，内容简洁，通俗易懂。本书既可作为高职高专院校的机电一体化技术专业、电气自动化技术专业以及电子信息类专业的电工电子技能训练教材，也可供职业学校、短期培训班和广大电工技术爱好者参考使用。

本书内容及其他问题请联系北京航空航天大学出版社理工事业部，电子邮箱 goodtextbook@126.com，联系电话 010-82339364。

图书在版编目(CIP)数据

电工电子技能训练 / 朱晓慧主编. -- 北京 ：北京航空航天大学出版社，2011.2

ISBN 978-7-5124-0294-2

Ⅰ. ①电… Ⅱ. ①朱… Ⅲ. ①电工技术－高等学校：技术学校－教学参考资料②电子技术－高等学校：技术学校－教学参考资料 Ⅳ. ①TM②TN

中国版本图书馆 CIP 数据核字(2010)第 249811 号

电工电子技能训练

主　编　朱晓慧

副主编　孙昌权　翟利萍

主　审　张国峰

责任编辑　董　瑞

*

北京航空航天大学出版社出版发行

北京市海淀区学院路 37 号(邮编 100191)　http://www.buaapress.com.cn

发行部电话：(010)82317024　传真：(010)82328026

读者信箱：bhpress@263.net　邮购电话：(010)82316936

北京市松源印刷有限公司印装　各地书店经销

*

开本：787×1092　1/16　印张：10.5　字数：269 千字

2011 年 2 月第 1 版　2011 年 2 月第 1 次印刷　印数：4 000 册

ISBN 978-7-5124-0294-2　定价：19.50 元

前 言

本书根据“以服务为宗旨、以就业为导向、以能力为本位”的指导思想，以“突出培养学生的实际操作能力、自我学习能力和良好的职业道德，强调做中学、做中教”为原则编写的。本书共有五个技能训练，具体内容如下：

技能训练一　电工基本操作技能。主要进行安全用电及触电急救、常用的电工工具和仪表的使用、导线的剖削与连接等方面的技能训练。

技能训练二　室内线路的配线与安装。主要进行室内线路的配线、照明电路的安装与调试等技能训练。

技能训练三　三相异步电动机基本控制电路的安装与调试。主要进行低压电器的识别、选择及检修，三相异步电动机基本控制电路的安装与调试等技能训练。

技能训练四　电子基本操作技能。主要进行常用电子仪器的使用、常用电子元件的识别与检测及焊接技能训练。

技能训练五　常用电子产品的制作与调试。主要进行间断闪光指示灯、可调直流稳压电源、投票表决器、交通灯定时控制系统和数字钟等典型的电子产品的制作与调试技能训练。

本书建议学时为78学时，由于不同地区、不同条件、不同学生的差异，具体学时数可由任课教师自行确定。本书的教学建议在维修电工实训室和电子装配实训室内进行，实训室内实训设备齐全，可以满足教学的需要。本书现有的内容只是电工电子技能训练的最基本内容，其他学校还可以根据自身情况再进行适当的添加。

本书主要特色如下：

1. 打破了传统章节段落设计，以技能训练项目组织教学，每个技能训练按照技能训练→教学目标→任务1、2…→知识要点1、2…→训练1、2…来陈述教学内容。内容深入浅出，强调实践性，突出实用性，注重学生自主学习和实际操作能力的培养，以提高学生的技能水平。

2. 本书注重理论和实践相结合，具有新颖实用、可读性和可操作性强的特点，在教材编写上突出了工艺要点与操作技能，注意对新技术、新知识、新工艺和新标准的传授。

3. 在任务的选取和编制上充分考虑了电工电子技能的要求和知识体系，任务选取适当，图文并茂，文字叙述简明扼要，通俗易懂，具有很强的通用性、针对性和实用性。

本书由黑龙江农业工程职业学院的朱晓慧主编，江苏农林职业技术学院的孙昌权与黑龙江农业工程职业学院的翟利萍任副主编，黑龙江农业工程职业学院张国峰主审。其中，技能训练一由黑龙江农业工程职业学院的刘明建编写，技能训练二、技能训练三由朱晓慧编写，技能训练四由孙昌权编写，技能训练五由翟利萍编写，全书由朱晓慧统稿。

由于编者水平有限，编写时间仓促，书中错误和不当之处，真诚希望广大读者批评指正。

编　者

2010年10月

目录

技能训练一

电工基本操作技能

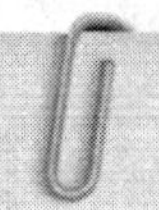

教学目标

知识目标

(1) 掌握电工安全操作规程和安全用电规程。

(2) 掌握触电急救的操作方法。

(3) 学会使用常用电工工具和电工仪表。

(4) 学会导线绝缘层的剖削和单股铜芯导线的连接。

能力目标

(1) 能够熟练使用剥线钳、尖嘴钳、斜口钳、钢丝钳、螺丝刀、验电器、电工刀等电工基本工具。

(2) 能够熟练使用数字式万用表、指针式万用表、钳形电流表和兆欧表。

(3) 熟练进行导线绝缘层的剖削及单股铜芯导线的一字形连接和T字形连接。

(4) 熟练应用心肺复苏法(CPR)进行触电急救。

素质目标

(1) 学生应树立职业意识,并按照企业的“6S”(整理、整顿、清扫、清洁、素养、安全)质量管理体系要求自己。

(2) 操作过程中,必须时刻注意安全用电,严禁带电作业,严格遵守电工安全操作规程。

(3) 爱护工具和仪器仪表,自觉做好维护和保养工作。

(4) 具有吃苦耐劳、爱岗敬业、团队合作、勇于创新的精神,具备良好的职业道德。

任务1　安全用电

工作任务单

序　号	任务名称	任务目标
1	触电事故现场处理	对触电者实施口对口人工呼吸法抢救
2	触电事故现场处理	对触电者实施胸外心脏按压法抢救
3	对心肺复苏模拟人进行触电急救	按照国际标准运用心肺复苏法(CPR)进行触电急救

材料工具单

项　目	名　称	数　量	型　号	备　注
所用设备	心肺复苏模拟人	1	KAP/CPR300	

知识要点1　电工安全操作规程

电工上岗前必须接受安全教育,在掌握基本的安全知识和工作范围内的安全操作规程后,才能上岗。电工安全操作规程的主要内容如下:

1. 所有绝缘、检验工具应妥善保管,严禁他用,并应定期检查、校验。

2. 现场施工用高低压设备及线路,应按施工设计及有关电气安全技术规程安装和架设。

3. 线路上禁止带负荷接电或断电,并禁止带电操作。

4. 有人触电,先立即切断电源,再进行急救;电气着火,应立即将有关电源切断后,使用二氧化碳灭火器、干粉型灭火器或干砂灭火。

5. 安装高压开关、自动空气开关等有返回弹簧的开关设备时,应将开关置于断开位置。

6. 多台配电箱(盘)并列安装时,手指不得放在两盘的接合处,也不得触摸连接螺孔。

7. 电杆用小车搬运应捆绑卡牢。人抬时,动作一致,电杆不得离地过高。

8. 人工立杆,所用叉木应坚固完好,操作时,互相配合,用力均衡。机械立杆,两侧应设溜绳。立杆时,坑内不得有人,基础夯实后,方可拆出叉木或拖拉绳。

9. 登杆前,杆根应夯实牢固。旧木杆杆根单侧腐朽深度超过杆根直径八分之一以上时,应经加固后方能登杆。

10. 登杆操作脚扣应与杆径相适应。使用脚踏板,钩子应向上。安全带应栓于安全可靠处,扣环要扣牢,不准拴于瓷瓶或横担上。工具、材料应用绳索传递,禁止上、下抛扔。

11. 杆上紧线应侧向操作,并将夹紧螺栓拧紧,紧有角度的导线,应在外侧作业。调整拉线时,杆上不得有人。

12. 紧线用的铁丝或钢丝绳,应能承受全部拉力,与导线的连接,必须牢固。紧线时,导线下方不得有人,单方向紧线时,反方向应设置临时拉线。

13. 电缆盘上的电缆端头，应绑扎牢固，放线架、千斤顶应设置平稳，线盘应缓慢转动，防止脱杆或倾倒。电缆敷设到拐弯处，应站在外侧操作，木盘上钉子应拔掉或打弯。雷雨时停止架线操作。

14. 进行耐压试验装置的金属外壳须接地，被试设备或电缆两端，如不在同一地点，另一端应有人看守或加锁。对仪表、接线等检查无误，人员撤离后，方可升压。

15. 电气设备或材料，做非冲击性试验，升压或降压，均应缓慢进行。因故暂停或试压结束，应先切断电源，安全放电，并将升压设备高压侧短路接地。

16. 电力传动装置系统及高低压各型开关调试时，应将有关的开关手柄取下或锁上，悬挂标示牌，防止误合闸。

17. 用兆欧表测定绝缘电阻，应防止有人触及正在测定中的线路或设备。测定容性或感性材料、设备后，必须放电。雷雨时禁止测定线路绝缘。

18. 电流互感器禁止开路，电压互感器禁止短路和以升压方式运行。

19. 电气材料或设备需放电时，应穿戴绝缘防护用品，用绝缘棒安全放电。

20. 现场变配电高压设备，不论带电与否，单人值班时，值班人员不准超过遮栏和从事修理工作。

21. 在高压带电区域内部分停电工作时，人与带电部分应保持安全距离，并需有人监护。

22. 变配电室内、外高压部分及线路，停电作业时应注意以下几点：

(1) 切断有关电源，操作手柄应上锁或挂标示牌。

(2) 验电时应戴绝缘手套，并按电压等级使用验电器，在设备两侧各相或线路各相分别验电。

(3) 验明设备或线路无电后，即将检修设备或线路做短路接电。

(4) 装设接地线应由两人进行，先接接地端，后接导体端，拆除时顺序相反。拆、接时均应穿戴绝缘防护用品。

(5) 接地线应使用截面不小于 2.5 mm^2 多股软裸铜线和专用线夹，严禁用缠绕的方法进行接地和短路。

(6) 设备或线路检修完毕，应全面检查无误后方可拆除临时短路接地线。

23. 用绝缘棒或传动机构拉、合高压开关，应戴绝缘手套。雨天室外操作时，除穿戴绝缘防护用品外，绝缘棒应有防雨罩，并有人监护。严禁带负荷拉、合开关。

24. 电气设备的金属外壳必须接地或接零。同一设备可做接地和接零。同一供电网不允许有的接地有的接零。

25. 电气设备所有保险丝(片)的额定电流应与其负荷容量相适应。禁止用其他金属线代替保险丝(片)。

26. 施工现场夜间临时照明电线及灯具，一般高度应不低于 2.5 m，易燃、易爆场所应用防爆灯具。照明开关、灯口、插座等，应正确接入相线及中性线。

27. 穿越道路及施工区域地面的电线路应埋设在地下，并作标记。电线路不能盘绕在钢筋等金属构件上，以防绝缘层破裂后漏电。在道路上埋设前应先穿入管子或采取其他防护措施，以防被辗压受损，发生意外。

28. 工地照明尽可能采用固定照明灯具，移动式灯具除保证绝缘良好外，还不应有接头，使用时也要作相应的固定，应放在不易被人员及材料、机具设备碰撞的安全位置，移动时，线路(电缆)不能在金属物上拖拉，用完后及时收回保管。

29. 严禁非电工人员从事电工作业。

知识要点 2　安全用电常识

一、安全用电规程

电工不仅应具备安全用电知识，还要有宣传安全用电知识的义务和阻止违反安全用电行为的职责，安全用电规程的主要内容有：

1. 安全用电，人人有责。

2. 任何单位和个人，都不得有从事危害电力线路设施的行为。

3. 用电设备的安装与使用应符合国家电力行业的有关部门规定。

4. 用电户或临时用电户用电应当向当地供电所申请。

5. 用电设施安装应符合国家行业规定标准，不准私拉乱接用电设备。临时用电期间，用户应派专人看管临时用电设备，用完应及时拆除。

6. 严禁私自改变低压系统运行方式，禁止采用“一相一地”方式用电。

7. 严禁私设电网防盗和捕鼠、狩猎、捕鱼。

8. 严禁使用挂钩线、破股线、地爬线和绝缘不合格的导线接电。

9. 严禁攀登、跨越电力设施的保护围墙或遮栏。

10. 严禁往电力线、变压器上扔东西。

11. 不准在 220 kV 以下的电力线路设施周围水平距离 300 m 以内的范围内放炮采石。

12. 不准靠近电杆挖坑或取土，不准在电杆上拴牲畜，不准破坏拉线，以防倒杆断线。

13. 不准在电力线路上挂晒衣物。晒衣线(绳)与低压电力线路要保持 1.25 m 以上的水平距离。

14. 不准将通信线、广播线与电力线同杆架设。通信线、广播线和电力线进户时要明显分开。

15. 不得在电力线路的杆塔、拉线基础保护区内取土、建房、打井、打场、烧窑、烧荒、堆谷物、堆柴草、栽种树竹及放置影响安全供电的物品，以保证与电力线路保护区垂直和水平的安全距离。

16. 在电力线附近搭建构筑物、修理房屋和砍伐树木时，必须经当地供电部门同意，采取防范措施。当发生纠纷时，由电力部门依法协调处理。

17. 演戏、放映、钓鱼和集会等活动要远离架空电力线路和其他带电设备，防止触电伤人。

18. 船只通过跨河电力线路时，应及早放下桅杆；不要在电力线路下扬鞭赶牛放羊；机动车辆行驶或田间作业时，不要碰电杆和拉线。

19. 教育儿童不玩弄电气设备、不爬电杆、不摇晃拉线、不爬变压器，不要在电力线附近打鸟、放风筝，不能有损坏电力设施、危及安全的行为。

20. 发现电力线断落时，不要靠近；如距离导线的落地点 8 m 以内时，应及时将双脚并立，按导线落地点反方向跳离，并看守现场或立即找电工处理。

21. 发现有人触电时，不要赤手拉触电人，应用绝缘且干燥的材料断开电源，并将触电者就近抬到阴凉通风的地方按紧急救护法进行救护。

22. 必须跨房的低压电力线路与房顶的垂直距离应保持 2.5 m 以上，对建筑物的水平距离应保持 1.25 m 以上。

23. 不得向电力线路设施射击或向导线抛掷物体。

24. 严禁擅自在导线上接用电器设备。

25. 不得擅自攀登杆塔或在杆塔上架设电力线、通信线、广播线或安装广播喇叭。

26. 严禁利用杆塔、拉线作重牵引物的锚桩。

27. 不得在杆塔、拉线上拴牲畜、悬挂物体、攀附或种植农作物。

28. 不得在杆塔内(不含杆塔与杆塔之间)或杆塔与拉线之间修筑公路。

29. 严禁盗窃、拆卸杆塔或拉线上的器材，严禁移动、损坏永久性标志或标志牌。

30. 架设电视天线时应远离电力线路，不得同杆架设或交越，天线杆与高低压电力线路的最小距离应大于杆高 3 m，天线拉线与上述电力线路的净空距离应大于 3 m。

31. 漏电保护器动作后，应迅速查明跳闸原因，排除故障后方能投入运行。

32. 家庭用电禁止拉临时线和使用带插座的灯头。

33. 用户发现有线广播喇叭发出怪叫声时，不准乱动设备，要先断开广播开关，再找电工处理。

34. 擦拭灯头、开关、电器时，要断开电源。更换灯泡时要站在干燥木凳等绝缘物上。

35. 用电器具出现异常，如电灯不亮，电视机无声无像，电冰箱、洗衣机不启动等情况时，要先断开电源，再做修理，如果用电器具同时出现冒烟、起火或爆炸的情况，不要赤手去切断电源开关，应尽快找电工处理。

36. 用电器具的外壳、手柄开关、机械防护有破损、失灵等有碍安全的情况时，应及时修理，未经修复不得使用。

37. 新购置和长时间停用的用电设备，使用前应检查绝缘情况。

38. 家用电器及其启动装置外露可导电部分，均应按照安全用电有关规定要求装设保护接地。

39. 电力线路导线边线向外侧水平延伸并垂直于地面所形成的两平行面内的区域称为电力线路保护区。任何单位或个人在架空电力线路保护区内，必须遵守下列规定：

(1) 不得堆放谷物、草料、垃圾、易燃物、易爆物，不得倾倒酸、碱、盐及其他影响安全供电的物品。

(2) 不得烧窑、烧荒。

(3) 不得挖坑、取土，不得兴建建筑物、构筑物。

(4) 不得种树、竹。

二、日常生活的安全用电

安全用电涉及千家万户，只有时刻注意用电安全，才能避免漏电和触电事故的发生，保障人民生命和财产的安全。作为一名电工，有义务向广大群众宣传家庭安全用电的知识，杜绝触电事故的发生。家庭安全用电的常识如下：

1. 每个家庭必须具备一些必要的电工器具，如验电笔、螺丝刀、胶钳等，还必须具备适合家用电器使用的各种规格的保险丝具和保险丝。

2. 每户家用电表前必须装有总保险，电表后应装有总刀闸和漏电保护开关。

3. 任何情况下严禁使用铜丝和铁丝代替保险丝。保险丝的大小一定要与用电容量匹配。更换保险丝时要拔下瓷盒盖更换，不得直接在瓷盒内搭接保险丝，不得在带电情况下（未拉开刀闸）更换保险丝。

4. 烧断保险丝或漏电开关动作后，必须查明原因才能再合上开关电源。任何情况下不得用导线将保险短接或者压住漏电开关跳闸机构强行送电。

5. 购买家用电器时应认真查看产品说明书的技术参数（如频率、电压等）是否符合本地用电要求。要清楚耗电功率是多少、家庭已有的供电能力是否满足要求，特别是配线容量、插头、插座、保险丝具、电表是否满足要求。

6. 当家用配电设备不能满足家用电器容量要求时，应予更换改造，严禁凑合使用。否则超负荷运行会损坏电气设备，还可能引起电气火灾。

7. 购买家用电器还应了解其绝缘性能：是一般绝缘、加强绝缘还是双重绝缘。如果是靠接地作漏电保护的，则接地线必不可少。即使是加强绝缘或双重绝缘的电气设备，作保护接地或保护接零亦有好处。

8. 带有电动机类的家用电器（如电风扇等），还应了解其耐热水平，是否能长时间连续运行。要注意家用电器的散热条件。

9. 安装家用电器前应查看产品说明书对安装环境的要求，特别注意在可能的条件下，不要把家用电器安装在湿热、灰尘多或有易燃、易爆、腐蚀性气体的环境中。

10. 在敷设室内配线时，相线、中性线应标志明晰，并与家用电器接线保持一致，不得互相接错。

11. 家用电器与电源连接，必须采用可开断的开关或插接头，禁止将导线直接插入插座孔。

12. 凡要求有保护接地或保护接零的家用电器，都应采用三脚插头和三眼插座，不得用双脚插头和双眼插座代替，造成接地（或接零）线空挡。

13. 家庭配线中间最好没有接头。必须有接头时应接触牢固并用绝缘胶布缠绕，或者用瓷接线盒。严禁用医用胶布代替电工胶布包扎接头。

14. 导线与开关、刀闸、保险盒、灯头等的连接应牢固可靠，接触良好。多股软铜线接头应拧成一股后再放到接头螺丝垫片下，防止细股线散开碰另一接头上造成短路。

15. 家庭配线不得直接敷设在易燃的建筑材料上面，如需在木料上布线必须使用瓷珠或瓷夹子；穿越木板必须使用瓷套管。不得使用易燃塑料或其他的易燃材料作为装饰用料。

16. 接地或接零线虽然正常时不带电，但断线后如遇漏电会使电器外壳带电；如遇短路，接地线亦通过大电流。为其安全，接地（接零）线规格应不小于相导线，在其上不得装开关或保险丝，也不得有接头。

17. 接地线不得接在自来水管上（因为现在自来水管接头堵漏用的都是绝缘带，没有接地效果）；不得接在煤气管上（以防电火花引起煤气爆炸）；不得接在电话线的地线上（以防强电窜弱电）；也不得接在避雷线的引下线上（以防雷电时反击）。

18. 所有的开关、刀闸、保险盒都必须有盖。胶木盖板老化、残缺不全者必须更换。脏污受潮者必须停电擦抹干净后才能使用。

19. 电源线不要拖放在地面上，以防电源线绊人，并防止损坏绝缘。

20. 家用电器试用前应对照说明书，将所有开关、按钮都置于原始停机位置，然后按说明

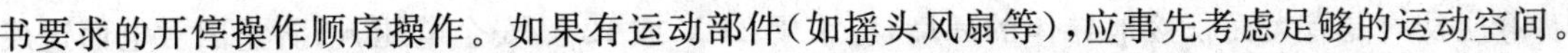

书要求的开停操作顺序操作。如果有运动部件(如摇头风扇等),应事先考虑足够的运动空间。

21. 家用电器通电后发现冒火花、冒烟或有烧焦味等异常情况时,应立即停机并切断电源,进行检查。

22. 移动家用电器时一定要切断电源,以防触电。

23. 发热电器周围必须远离易燃物料。电炉子、取暖炉、电熨斗等发热电器不得直接放在木板上,以免引起火灾。

24. 禁止用湿手接触带电的开关;禁止用湿手拔、插电源插头;拔、插电源插头时手指不得接触触头的金属部分;也不能用湿手更换电气元件或灯泡。

25. 对于经常手拿使用的家用电器(如电吹风、电烙铁等),切忌将电线缠绕在手上使用。

26. 对于接触人体的家用电器,如电热毯、电热鞋等,使用前应通电试验检查,确无漏电后再接触人体。

27. 禁止用拖导线的方法移动家用电器;禁止用拖导线的方法拔插头。

28. 使用家用电器时,先插上不带电侧的插座,最后才合上刀闸或插上带电侧插座;停用家用电器则相反,先拉开带电侧刀闸或拔出带电侧插座,然后才拔出不带电侧的插座(如果需要拔出话)。

29. 紧急情况需要切断电源导线时,必须用绝缘电工钳或带绝缘手柄的刀具。

30. 抢救触电人员时,首先要断开电源或用木板、绝缘杆挑开电源线,千万不要用手直接拖拉触电人员,以免连环触电。

31. 家用电器除电冰箱这类电器外,都要随手关掉电源,特别是电热类电器,要防止长时间发热造成火灾。

32. 严禁使用床头开关。除电热毯外,不要把带电的电气设备引上床,靠近睡眠的人体。即使使用电热毯,如果没有必要整夜通电保暖,也建议发热后断电使用,以保安全。

33. 家用电器烧焦、冒烟、着火,必须立即断开电源,切不可用水或泡沫灭火器浇喷。

34. 对室内配线和电气设备要定期进行绝缘检查,发现破损要及时用电工胶布包缠。

35. 在雨季前,要用 500 V 兆欧表测量家用电器绝缘电阻应不低于 1 MΩ,方可认为绝缘良好,可正常使用。长时间不用又重新使用的家用电器亦应做上述检测后方可使用。如无兆欧表,至少也应用验电笔经常检查有无漏电现象。

36. 对经常使用的家用电器,应保持其干燥和清洁,不要用汽油、酒精、肥皂水、去污粉等带腐蚀或导电的液体擦抹家用电器表面。

37. 家用电器损坏后要请专业人员或送修理店修理;严禁非专业人员在带电情况下打开家用电器外壳。

知识要点 3　安全电压与触电急救

一、安全电压

在任何情况下,交流工频安全电压的上限值是两导体之间或任一导体与地之间都不得超过 50 V。我国的安全电压的额定值为 42 V、36 V、24 V、12 V、6 V。如手提照明灯、危险环境的携带式电动工具,应采用 36 V 安全电压;金属容器内、隧道内、矿井内等工作场合,狭窄、行动不便及周围有大面积接地导体的环境，应采用 24 V 或 12 V 安全电压，以防止因触电而造成的人身伤害。

二、触电的方式与急救

人体是导电体，一旦有电流通过，将会受到不同程度的伤害。人体触电有电击和电伤两类：电击是指电流通过人体时所造成的内伤，可以使肌肉抽搐，内部组织损伤，发热、发麻，神经麻痹等，严重时将引起昏迷、窒息，甚至心脏停止跳动而死亡；电伤是指电流的热效应、化学效应、机械效应以及电流本身作用下造成的人体外伤。

1. 常见的触电方式

(1) 单相触电：人体的某一部分接触带电体的同时，另一部分与大地或中性线相接，电流从带电体流经人体到大地（或中性线）形成回路，如图 1－1 所示。

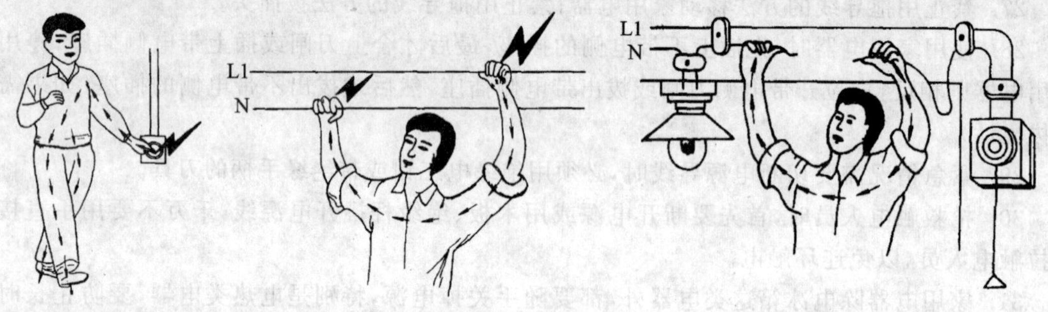

图 1－1　单相触电

(2) 两相触电：人体的不同部分同时接触两相电源时造成的触电，如图 1－2 所示。对于这种情况，无论电网中性点是否接地，人体所承受的线电压将比单相触电时更高，危险也更大。

图 1－2　两相触电

(3) 跨步电压触电：雷电流入地或电力线（特别是高压线）断落到地时，会在导线接地点及周围形成强电场。当人畜跨进这个区域，两脚之间出现的电位差称为跨步电压。在这种电压作用下，电流从接触高电位的脚流进，从接触低电位的脚流出，从而形成触电，如图 1－3 所示。

2. 影响电流对人体危害程度的主要因素

电流对人体伤害的严重程度与通过人体电流的大小、频率、持续时间、通过人体的路径及人体电阻的大小等多种因素有关。

(1) 电流大小：通过人体的电流越大，人体的生理反应就越明显，感应越强烈，引起心室颤动所需的时间越短，致命的危险越大。对于工频交流电，按照通过人体电流的大小和人体所呈现的不同状态，电流大致分为下列 3 种。

① 感觉电流：是指引起人体感觉的最小电流。实验表明，成年男性的平均感觉电流约为 1.1 mA，成年女性约为 0.7 mA。感觉电流不会对人体造成伤害，但电流增大时，人体反应变的强烈，可能造成坠落等间接事故。

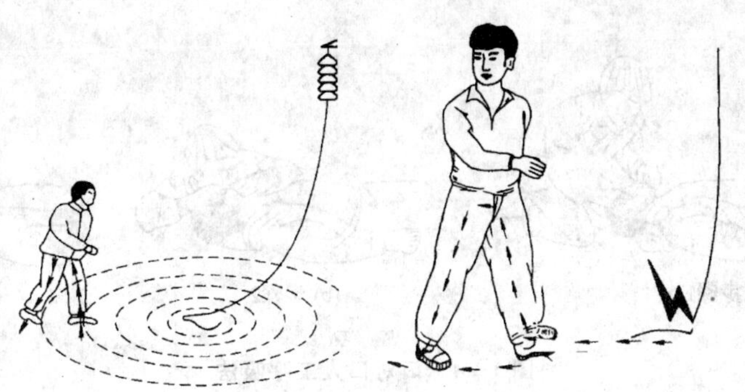

图 1－3　跨步电压触电

② 摆脱电流：是指人体触电后能自主摆脱电源的最大电流。实验表明，成年男性的平均摆脱电流约为 16 mA，成年女性约为 10 mA。

③ 致命电流：是指在较短的时间内危及生命的最小电流。实验表明，当通过人体的电流达到 50 mA 以上时，心脏会停止跳动，可能导致死亡。

(2) 电流频率：一般认为 40～60 Hz 的交流电对人体最危险。随着频率的增高，危险性将降低。高频电流不仅不伤害人体，还能治病。

(3) 通电时间：通电时间越长，电流使人体发热且人体组织的电解液成分增加，导致人体电阻降低，反过来又使通过人体的电流增加，触电的危险亦随之增加。

(4) 电流路径：电流通过头部可使人昏迷；通过脊髓可能导致瘫痪；通过心脏造成心跳停止，血液循环中断；通过呼吸系统会造成窒息。因此，从左手到胸部是最危险的电流路径，从手到手、从手到脚也是很危险的电流路径，从脚到脚是危险性较小的电流路径。

3. 触电急救

触电急救的要点是动作迅速，救护得法，切不可惊慌失措、束手无策。急救方法是：首先拨打 120 急救电话；然后迅速切断触电事故现场电源，或用木棒从触电者身上挑开电线，使触电者迅速脱离触电状态；而后将触电者移至通风干燥处，使躯体处于放松状态；而后根据触电者的具体情况，迅速对症救护。现场应用的主要救护方法是人工呼吸法和胸外心脏按压法。触电者需要救治时，大体上按照以下 3 种情况分别处理：

(1) 对失去知觉的触电者，若呼吸不齐、微弱或呼吸停止而有心跳的，应采用口对口人工呼吸法进行抢救。口对口人工呼吸法抢救的操作方法如图 1－4 所示。

图(a)：使触电者仰卧，颈部垫软物，头偏向一侧，清除口中的血块、痰液或口沫，取出口中假牙等杂物，使其呼吸道畅通。

图(b)：急救者深深吸气，捏紧触电者的鼻子，大口地向触电者口中吹气。

图(c)：放松鼻子，使之自身呼气。重复图(a)、图(b)所示动作，每 5 s 一次，坚持连续进行，在触电者苏醒之前，不可间断。

(2) 对有呼吸而心脏跳动微弱、不规则或心跳已停的触电者，应采用胸外心脏按压法进行抢救。胸外心脏按压法抢救的操作方法如图 1－5 所示。

图(a)：将触电者仰卧在硬板上或地上，颈部垫软物使头部后仰，松开衣服和裤带，急救者跪跨在触电者臀部位置。

图(b)：急救者将右手掌根部按于触电者胸骨下 1/2 处。

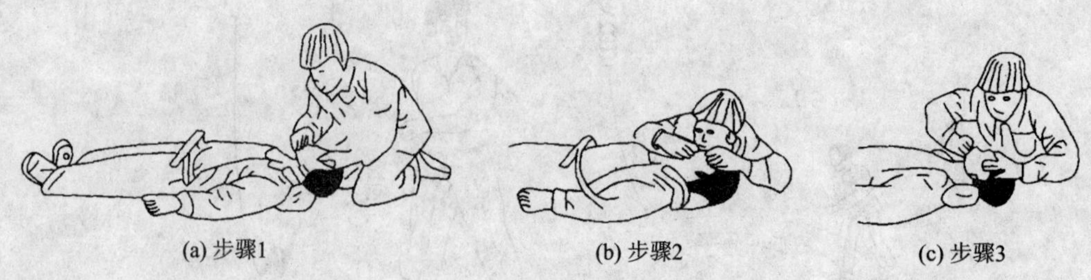

(a) 步骤1　(b) 步骤2　(c) 步骤3

图 1-4　口对口人工呼吸法

图(c):右手掌置放在触电者的胸上,左手掌压在右手掌上。

图(d):用力向下挤压 3～4 cm 后,突然放松。

挤压和放松动作要有节奏,每秒钟 1 次(儿童 2 秒钟 3 次),按压时应位置准确,用力适当,用力过猛会造成触电者内伤,用力过小则无效,对儿童进行抢救时,应适当减小按压力度,在触电者苏醒之前不可中断。

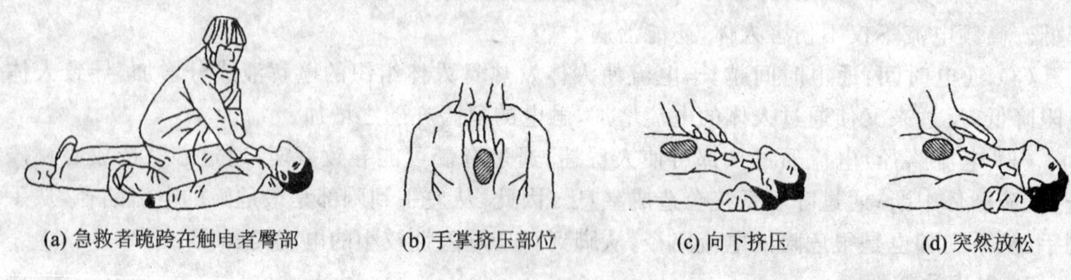

(a) 急救者跪跨在触电者臀部　(b) 手掌挤压部位　(c) 向下挤压　(d) 突然放松

图 1-5　胸外心脏按压法

(3) 对于呼吸与心跳都停止的触电者的急救,应该同时采用口对口人工呼吸法和胸外心脏按压法,操作方法如图 1-6 所示。

图(a): 如急救者只有一人,应先对触电者吹气 2～3 次,然后再挤压 10～15 次,且速度都应快些,如此交替重复进行直至触电者苏醒为止。

图(b): 如果是两人合作抢救,每 5 s 吹气一次,每 1 s 按压一次,两人交替进行。

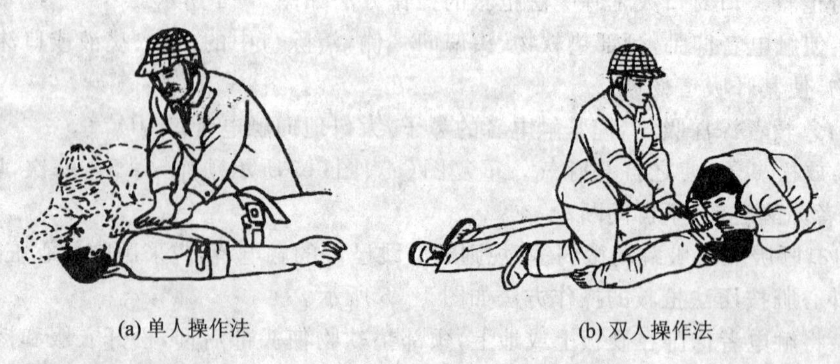

(a) 单人操作法　(b) 双人操作法

图 1-6　对呼吸与心跳都停止的触电急救

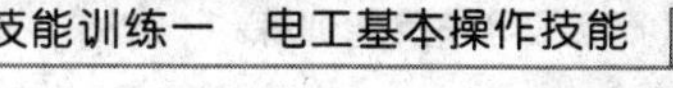

训练1　触电急救技能训练

一、训练目标

1. 提高安全意识,培养良好的职业道德和职业习惯。
2. 培养应对触电现场的能力,提高应变能力。
3. 熟悉触电急救的基本方法,初步学会口对口人工呼吸抢救法和胸外心脏按压抢救法。

二、训练工具器材

心肺复苏模拟人、屏障面膜。

三、训练内容

1. 按人数分组,确定每组的组长。
2. 模拟触电现场的情景,可以模拟单相触电、两相触电和跨步电压触电。
3. 触电急救技能训练:口对口人工呼吸法和胸外心脏按压法技能训练。要求:每个学生完成5次人工呼吸法和30次胸外心脏按压法。
4. 以小组团结合作的方式对心肺复苏模拟人进行心肺复苏法训练,每组完成一次完整的抢救过程,时间最少,出错率最低组取胜。要求:小组要以情景再现的方式进行训练,情景设计完美的小组给予一定的加分。

技能考核单

评价类别	考核项目	考核标准	配分/分	得　分
专业能力	触电急救知识问答	回答准确	20	
	人工呼吸抢救法训练	方法熟练、正确	15	
	胸外按压法训练	方法熟练、正确	15	
	心肺复苏法训练	在最短时间内完成一次抢救过程	30	
社会能力	团结协作	小组成员之间合作良好	8	
	敬业精神	遵守纪律,具有爱岗敬业、吃苦耐劳精神	7	
方法能力	计划和决策能力	计划和决策能力较好	5	

资料导读

一、心肺复苏术

心肺复苏术(cardiopulmonary resuscitation),简称CPR,是心脏骤停(如心脏疾病、心肺梗塞、触电、溺水、中毒、矿难、高空作业、交通事故、旅游意外、自然灾害、意外事故等所造成的心脏骤停)现场第一目击者采取呼救、心肺复苏等紧急救助措施。现场心肺复苏术分为 A、B、C 三大步骤,即 A——气道开放;B——人工呼吸;C——人工循环(胸外按压),有条件可采取 D——自动体外除颤。而现场抢救人员必须要规范标准地进行心肺复苏术 A、B、C、D 步骤抢救,才能使病人在最短的时间内获救。2005 年底美国心脏学会(AHA)发布了新版 CPR 急救指南,与旧版指南相比,主要就是按压与人工呼吸的频次由 15:2 调整为 30:2。

二、心肺复苏法应用注意事项

1. 口对口吹气量不宜过大,一般不超过 1 200 ml,胸廓稍起伏即可。吹气时间不宜过长,过长会引起急性胃扩张、胃胀气或呕吐。吹气过程要注意观察患(伤)者气道是否通畅,胸廓是否被吹起。

2. 胸外心脏按压法只能在患(伤)者心脏停止跳动下才能施行。

3. 口对口吹气和胸外心脏按压同时进行时,严格按按压和人工吹气的比例(30:2)操作,吹气和按压的次数过多或过少均会影响复苏的成败。

4. 胸外心脏按压的位置必须准确。不准确容易损伤其他脏器。按压的力度要适宜,过大、过猛容易使胸骨骨折,引起气胸血胸;按压的力度过轻,胸腔压力小,不足以推动血液循环。

5. 施行心肺复苏术时应将患(伤)者的衣扣及裤带解松,以免引起内脏损伤。

任务2　电工基本工具的使用和导线的剖削与连接

工作任务单

序　号	任务名称	任务目标
1	电工基本工具的使用	熟练地使用电工基本工具
2	导线绝缘层的剖削	掌握各种导线绝缘层的剖削方法
3	单股铜芯导线的连接	掌握单股铜芯导线的一字形连接和T字形连接方法

材料工具单

项　目	名　称	数　量	型　号	备　注
所用工具	剥线钳	每组一套		
	钢丝钳			
	尖嘴钳			
	斜口钳			
	验电器			
	电工刀			
	螺丝刀			
所用材料	单股铜芯导线	若干	1 mm^2 或 1.5 mm^2	
	铜芯护套线	若干	1.5 mm^2	双芯或三芯
	绝缘胶带	2卷		

知识要点1　电工基本工具的使用

一、剥线钳

剥线钳是用来剥削小直径导线绝缘层的专用工具。使用剥线钳时，将要剥削的绝缘层长度用标尺定好后，把导线放入相应的刃口中，切口大小应略大于导线芯线直径，否则会切断芯线，握紧绝缘手柄，导线的绝缘层即被割破，并自动弹出(如图1－7所示)。

二、斜口钳(断线钳)

斜口钳主要用于剪断电线、金属丝及导线电缆，还可直接剪断低压带电导线(如图1－8所示)。

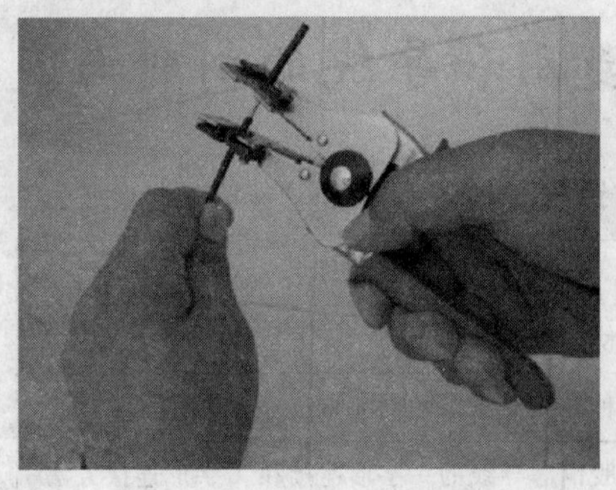

图 1-7　剥线钳的使用

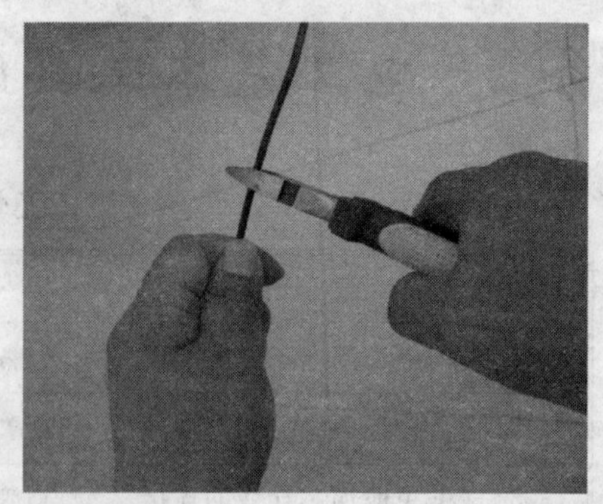

图 1-8　斜口钳的使用

三、尖嘴钳

尖嘴钳的头部尖细，适用于在狭小的工作空间操作。它主要用于在较窄小的工作环境中夹持轻巧的工件或线材，剪切、弯曲细导线(如图 1-9 所示)。

四、钢丝钳

钢丝钳主要用来弯绞或钳夹导线线头，齿口用来固紧或起松螺母，刃口用来剪切导线或剖切导线绝缘层，铡口用来剪切电线芯线或钢丝等较硬金属线(如图 1-10 所示)。

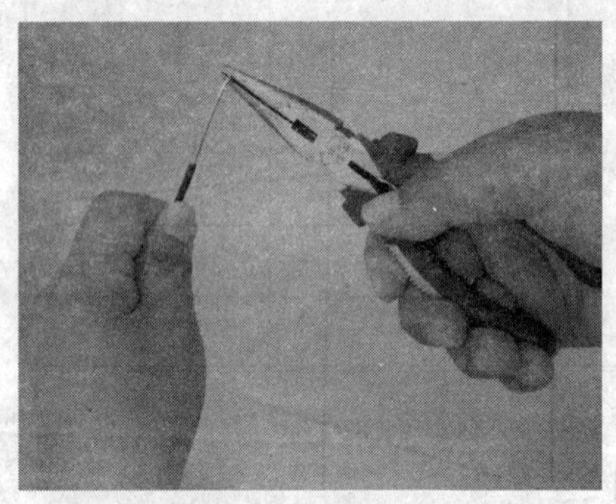

图 1-9　尖嘴钳的使用

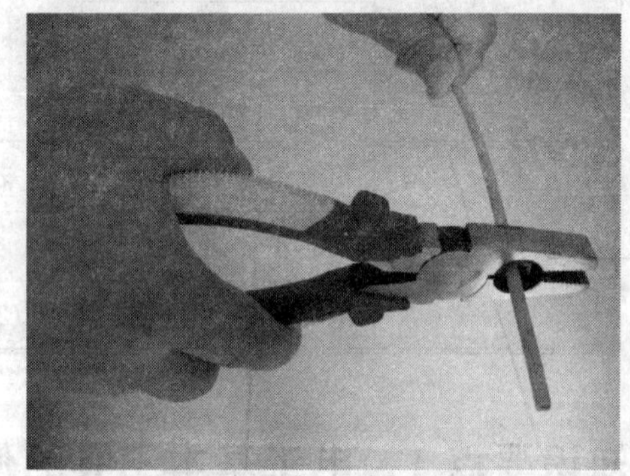

图 1-10　钢丝钳的使用

五、验电器(验电笔)

验电器(验电笔)是用来检验导线和电气设备是否带电的一种常用检测工具。验电器测试范围为 60～500 V。使用验电器时以一个手指触及金属盖或中心螺钉，使氖管小窗背光朝自己，金属笔尖与被检查的带电部分接触，如氖灯发亮说明设备带电(如图 1-11 所示)。低压验电器的其他功能如下：

1. 区别电压高低：测试时可根据氖管发光的强弱来判断电压的高低。

2. 区别相线与零线：正常情况下，在交流电路中，当验电器触及相线时，氖管发光；当验电器触及零线时，氖管不发光。

3. 区别直流电与交流电：交流电通过验电器时，氖管里的两极同时发光；直流电通过验电器时，氖管两极只有一极发光。

4. 区别直流电的正、负极：将验电器连接在直流电的正、负极之间，氖管中发光的一极为直流电的负极。

六、电工刀

电工刀是一种切削工具，主要用于剖削电线线头、切割木台缺口、削制木榫等。剖削导线绝缘层时，使刀面与导线呈较小的锐角，以免割伤导线（如图 1－12 所示）。

注意：电工刀柄不带绝缘装置，不能带电操作，以免触电。

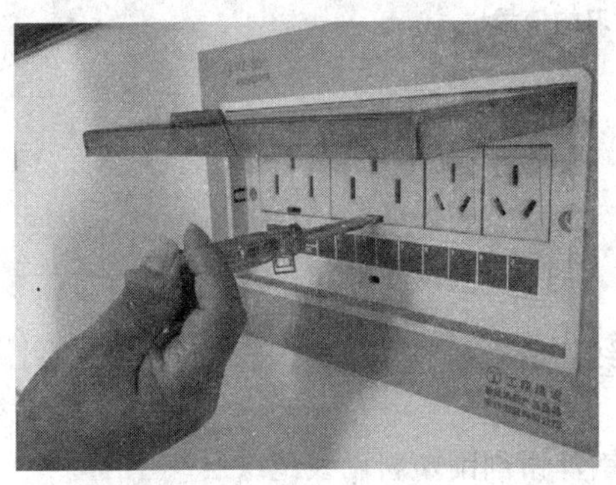

图 1－11　验电笔的使用

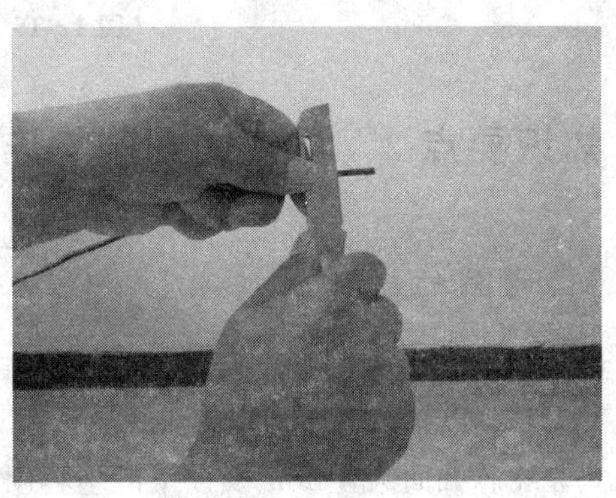

图 1－12　电工刀的使用

七、螺丝刀

螺丝刀又称螺钉旋具或改锥，按头部形状的不同，分为十字形和一字形两种（如图 1－13、图 1－14 所示）。螺丝刀主要用来紧固或拆卸带十字形或一字形槽的螺钉（如图 1－15 所示）。

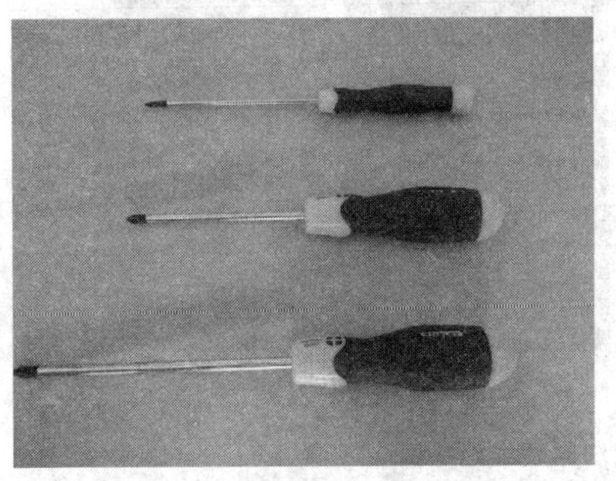

图 1－13　十字形螺丝刀

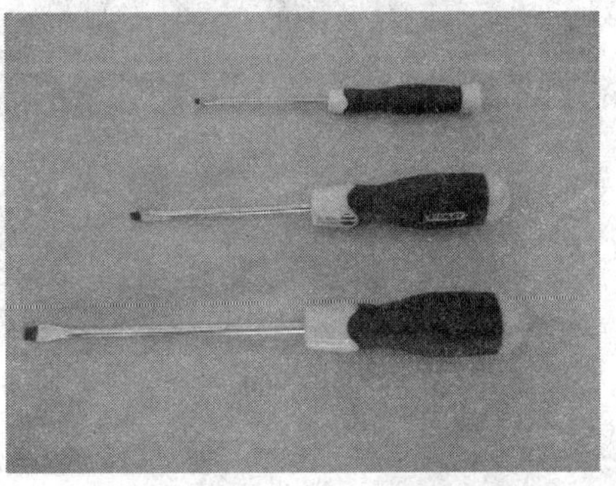

图 1－14　一字形螺丝刀

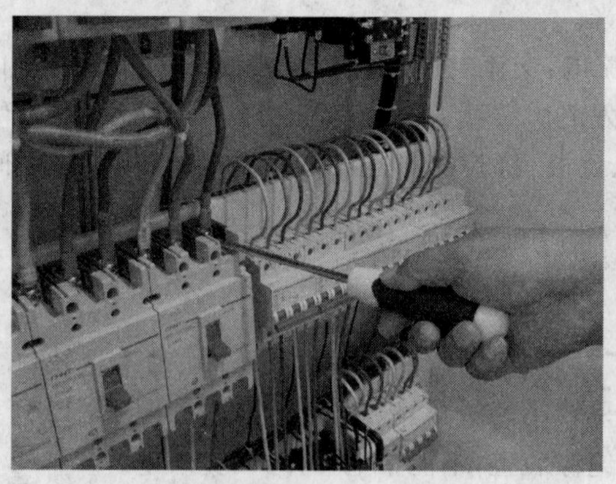

图 1－15　螺丝刀的使用

知识要点 2　导线的剖削与连接

一、导线的剖削

导线绝缘层的剖削工具有电工刀、钢丝钳、剥线钳。

1. 塑料硬线绝缘层的剖削

(1) 线芯截面为 4 mm^2 及以下的塑料硬线用钢丝钳剖削塑料硬线绝缘层。

图 1－16(a)：用左手捏住导线，在需剖削线头处，用钢丝钳刀口轻轻切破绝缘层，但不可切伤线芯。

图 1－16(b)：用左手拉紧导线，右手握住钢丝钳头部用力向外勒去塑料层。

注意：在勒去塑料层时，不可在钢丝钳刀口处加剪切力，否则会切伤线芯。剖削出的线芯应保持完整无损，如有损伤，应剪断后，重新剖削。

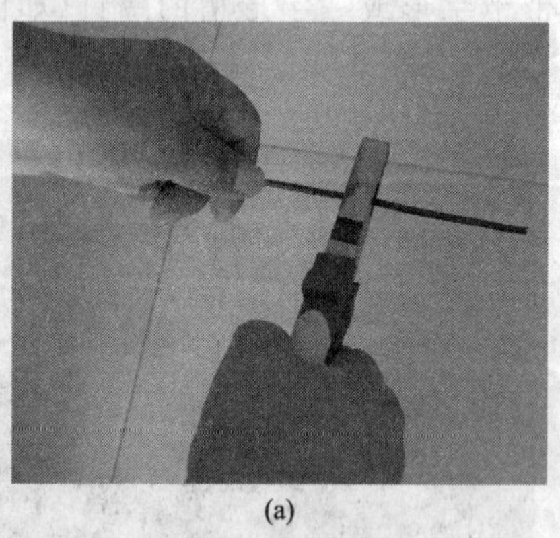

(a)

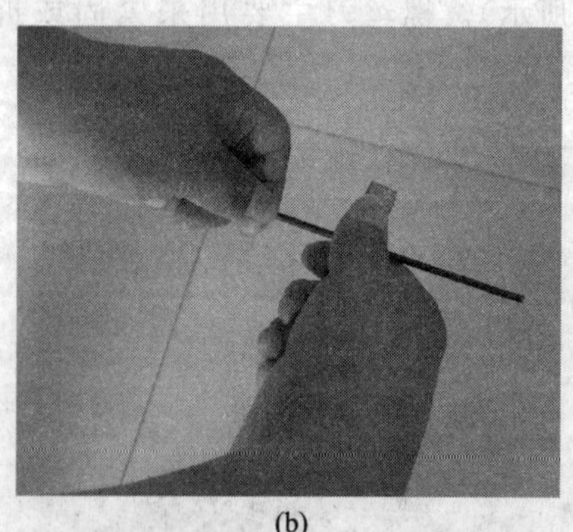

(b)

图 1－16　钢丝钳剖削塑料硬线绝缘层

(2) 线芯面积大于 4 mm^2 的塑料硬线用电工刀剖削塑料硬线绝缘层。

图 1－17(a)：在需剖削线头处，用电工刀以 45°角倾斜切入塑料绝缘层，注意刀口不能伤着线芯。

图 1－17(b)：刀面与导线保持 25°角左右，用刀向线端推削，只削去上面一层塑料绝缘，不可切入线芯。

图 1－17(c)：将余下的线头绝缘层向后扳翻，把该绝缘层剥离线芯，再用电工刀切齐。

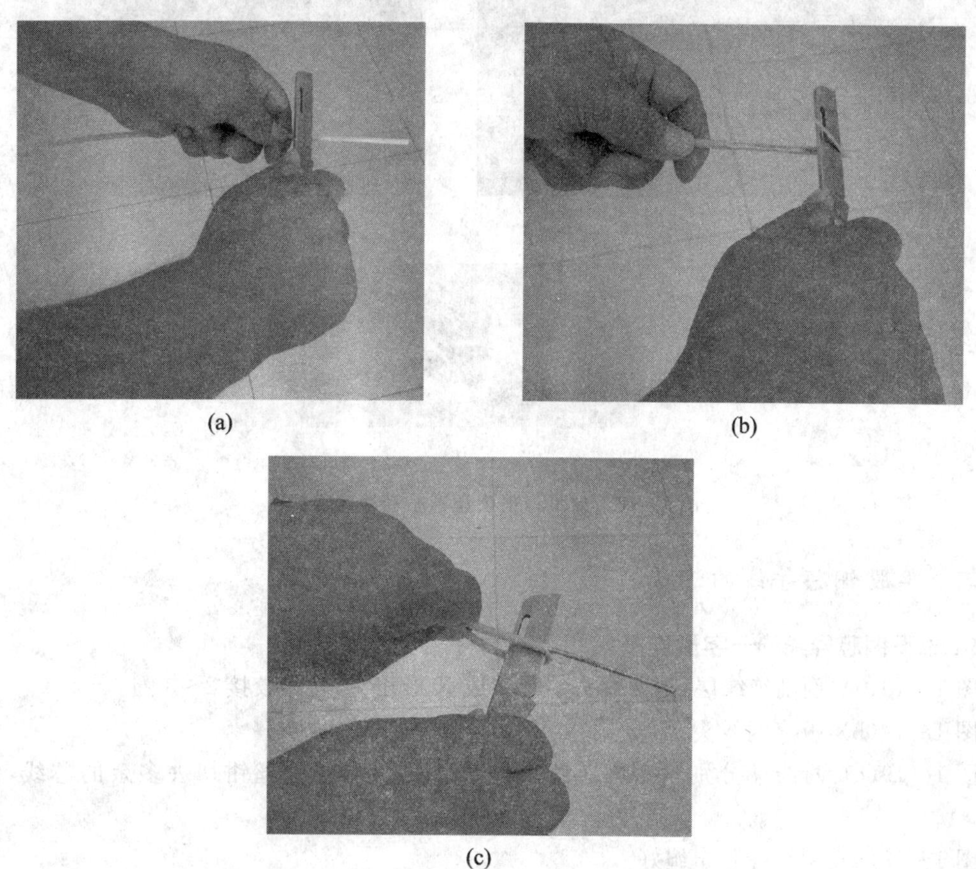

图 1－17　电工刀剖削塑料硬线绝缘层

2. 塑料软线绝缘层的剖削

塑料软线绝缘层用剥线钳或钢丝钳剖削。用钢丝钳剖削的剖削方法与用钢丝钳剖削塑料硬线绝缘层方法相同；用剥线钳剖削方法见剥线钳的使用。不可用电工刀剖削，因为塑料软线由多股铜丝组成，用电工刀容易损伤线芯。

3. 塑料护套线绝缘层的剖削

塑料护套线绝缘层用电工刀剖削。塑料护套线具有两层绝缘：护套层和每根线芯的绝缘层。

图 1－18(a)：在线头所需长度处，用电工刀刀尖对准护套线中间线芯缝隙处划开护套层，不可切入线芯。

图 1－18(b)：向后扳翻护套层，用电工刀把它齐根切去。

图 1－18(c)：在距离护套层 5～10 mm 处，用电工刀以 45°角倾斜切入内部各绝缘层，其剖削方法与塑料硬线剖削方法相同。

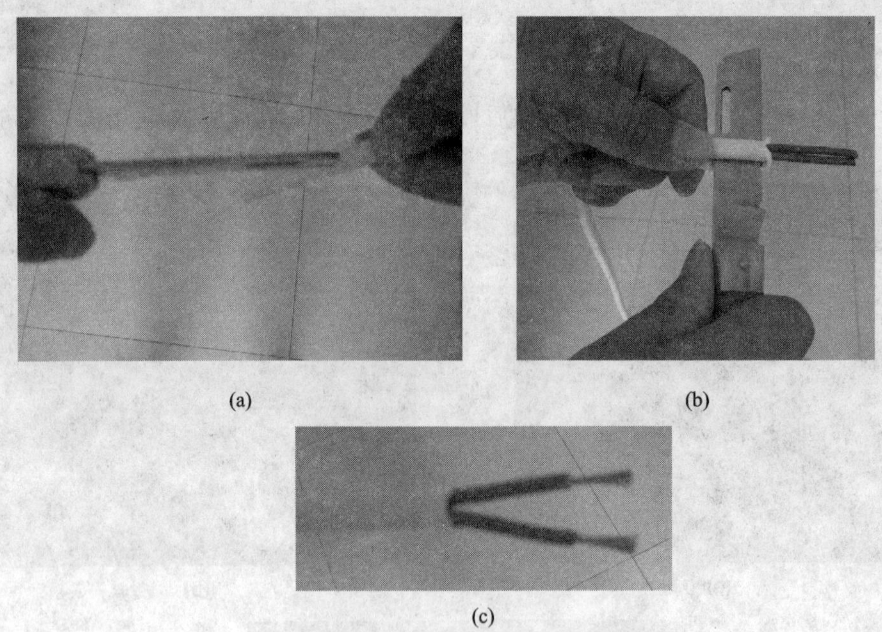

(a) (b) (c)

图 1－18　电工刀剖削塑料护套线绝缘层

二、单股铜芯导线的连接

1. 单股铜芯导线的一字形连接

图 1－19(a)：剖削绝缘层，把两线头的芯线成 X 形相交，互相绞接 2～3 圈。

图 1－19(b)：扳直两线头。

图 1－19(c)：两线端分别紧密向芯线上缠绕 6～8 圈，用钢丝钳切去多余的芯线，钳平切口。

图 1－19(d)：用绝缘胶布缠好。

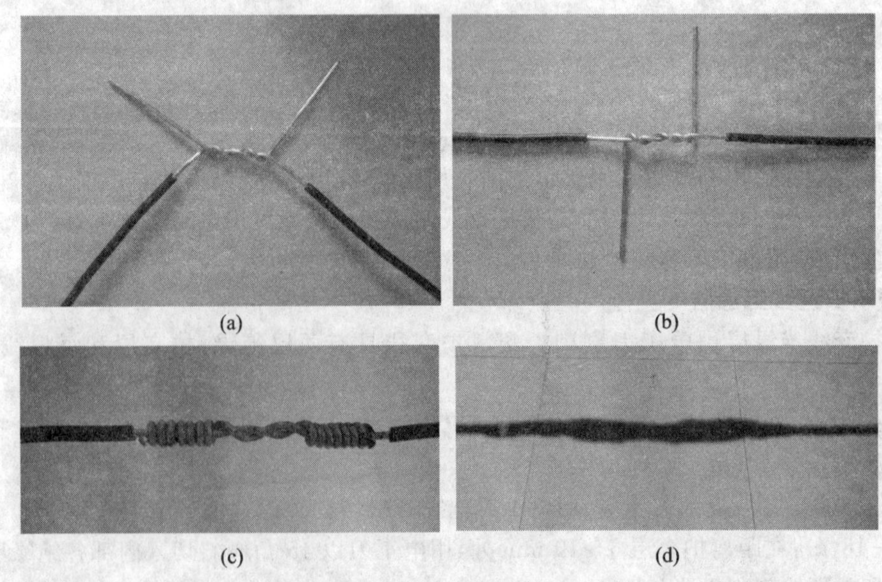

(a) (b) (c) (d)

图 1－19　单股铜芯线的一字形连接

2. 单股铜芯线的T字形连接

图1-20(a)：将分支芯线的线头与干芯线十字相交，使支路芯线根部留出约3～5 mm。

图1-20(b)：按顺时针方向在干线缠绕一圈，再环绕成结状，收紧线端向干线并缠绕6～8圈，用钢丝钳切去余下的芯线，并钳平芯线末端。

注意：如果连接导线截面较大，两芯线十字相交后，直接在干线上紧密缠8圈剪去余线即可。

图1-20(c)：用绝缘胶布缠好。

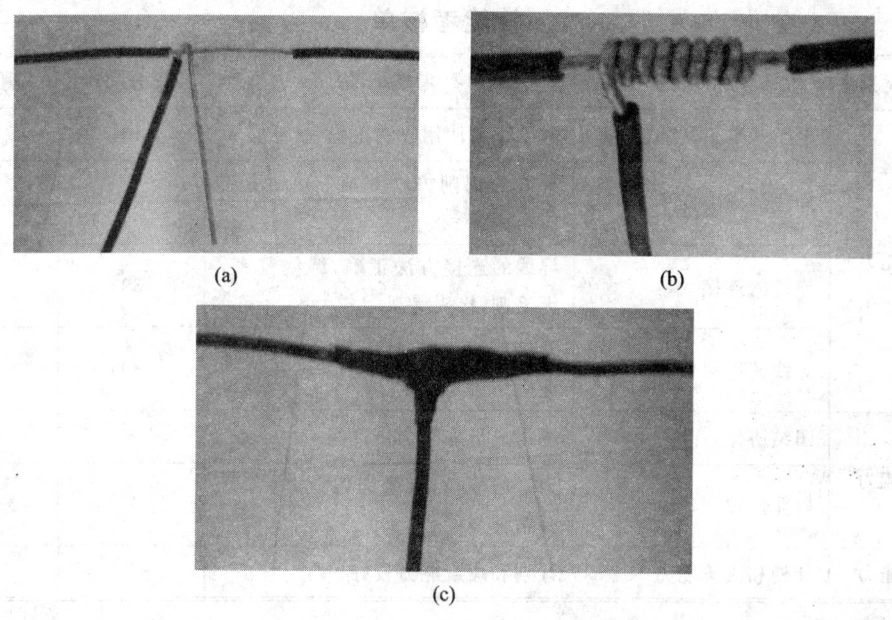
(a)　(b)

(c)

图1-20　单股铜芯线的T字形连接

训练1　导线的剖削与连接技能训练

一、训练目标

1. 提高专业意识，培养良好的职业道德和职业习惯。
2. 熟悉常用的电工基本工具的使用方法。
3. 学会铜芯导线的剖削和连接方法，培养动手能力，提高技能水平。

二、训练工具器材

剥线钳、尖嘴钳、斜口钳、钢丝钳、验电器、电工刀、螺丝刀、护套线、铜芯导线、绝缘胶带等。

三、训练内容

1. 按人数分组，确定每组的组长。
2. 以小组为单位，使用电工工具进行导线的剖削技能训练。要求：小组内每人至少完成一项剖削技能。

3. 以小组为单位，使用电工工具进行导线的连接技能训练。要求：小组每人必须完成一个一字形连接作品和一个T字形连接作品。

4. 以小组团结合作的方式，运用导线的剖削和连接技能，设计一个用导线制作的作品，设计新颖，工艺精美，技能运用恰当的小组取胜（可发邮件至 goodtextbook@126.com 索要相关设计图片）。要求：小组成员之间要齐心协力，共同设计与制作，对团结合作好的小组给予一定的加分。

技能考核单

评价类别	考核项目	考核标准	配分/分	得分
专业能力	电工基本工具的使用	电工工具使用方法正确	10	
	导线的剖削	导线的剖削方法正确，无刀伤和钳伤	20	
	导线的连接	导线的连接方法正确，缠绕紧密，无毛刺，接头美观	30	
	导线的连接作品	设计新颖，工艺精美，构思独特，技能运用恰当	20	
社会能力	团结协作	小组成员之间合作良好	8	
	敬业精神	遵守纪律，具有爱岗敬业、吃苦耐劳精神	7	
方法能力	计划和决策能力	计划和决策能力较好	5	

任务3　常用电工仪表的使用

工作任务单

序　号	任务名称	任务目标
1	万用表的使用	熟练使用指针式万用表和数字式万用表
2	钳形电流表的使用	熟练使用钳形电流表
3	兆欧表的使用	熟练使用兆欧表

材料工具单

项　目	名　称	数　量	型　号	备　注
所用仪表	指针式万用表	每组各一块	sunwaYX－960TR	
	数字式万用表		优德利 UT39A	
	钳形电流表		正泰 T－600C	
	兆欧表		ZC－7 型	
所用工具	螺丝刀	每组各一套		
所用材料	电阻	若干		
	干电池	若干		
所用设备	机电综合实训网板台		YL－210Ⅰ型	

知识要点1　万用表的使用

万用表是一种多功能、多量程的测量仪表，一般万用表可测量直流电流、直流电压、交流电压、电阻和音频电平等，有的还可以测交流电流、电容量、电感量及半导体的一些参数（如 β）。通常使用的万用表有指针式万用表和数字式万用表。

一、指针式万用表（以 sunwaYX－960TR 型万用表为例）

1. 准备工作

（1）熟悉转换开关、旋钮、插孔等的作用。

（2）了解刻度盘上每条刻度线所对应的被测电量。

（3）将红表笔插入"＋"插孔，黑表笔插入"－"插孔。

（4）机械调零。开关旋转到任一挡，注意两表笔不能短接，旋动万用表面板上的机械零位调整螺钉，使指针对准刻度盘左端的"0"位置（如图 1－21 所示）。

2. 电压的测量

(1) 正确选择量程:量程的选择应尽量使指针偏转到满刻度的 2/3 左右。如果事先不清楚被测电压的大小,应先选择最高量程挡,然后逐渐减小到合适的量程。

(2) 交流电压的测量:把转换开关拨到交流电压挡,选择合适的量程。将万用表两个表笔并接在被测电路的两端,不分正负极(如图 1-22 所示)。**注意:**其读数为交流电压的有效值。

图 1-21 指针式万用表的机械调零

图 1-22 指针式万用表测交流电压

(3) 直流电压的测量:把转换开关拨到直流电压挡并选择合适的量程。把万用表并接到被测电路上,红表笔接到被测电压的正极,黑表笔接到被测电压的负极,即让电流从红表笔流入,从黑表笔流出(如图 1-23 所示)。

3. 电阻的测量

(1) 选择合适的倍率挡:万用表欧姆挡的刻度线是不均匀的,所以倍率挡的选择应使指针停留在刻度线较稀的部分为宜,且指针越接近刻度尺的中间,读数越准确。一般情况下,应使指针指在刻度尺的 1/3~2/3 间。

(2) 欧姆调零:测量电阻之前,应将两个表笔短接,同时调节"欧姆调零旋钮",使指针刚好指在欧姆刻度线右边的零位。并且每换一次倍率挡都要再次进行欧姆调零,以保证测量准确。

(3) 读数:表头的读数乘以倍率,就是所测电阻的电阻值(如图 1-24 所示)。

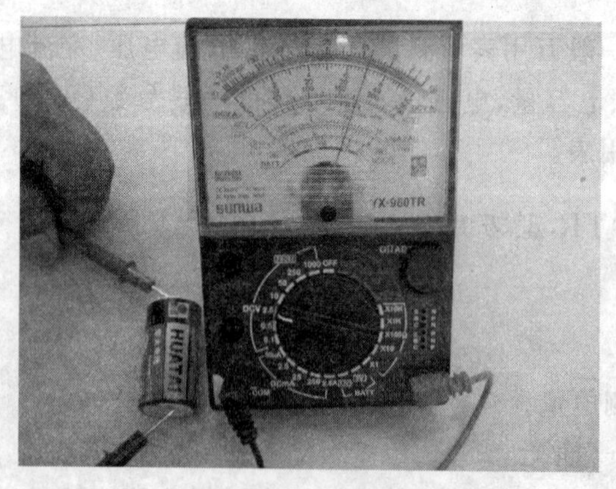

图 1-23 指针式万用表测直流电压

图 1-24 指针式万用表测电阻

4. 直流电流的测量

(1) 测量直流电流时，将万用表的转换开关置于直流电流挡的 50 μA 到 2.5 A 的合适量程上。

(2) 测量时必须先断开电路，然后按照电流从“+”到“-”的方向，将万用表串联到被测电路中，即电流从红表笔流入，从黑表笔流出(如图 1-25 所示)。如果误将万用表与负载并联，则因表头的内阻很小，会造成短路烧毁仪表。其读数方法如下：实际值=指示值×量程/满偏(如图 1-26 所示，电流为 115 mA)。

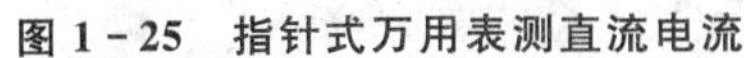

图 1-25　指针式万用表测直流电流

图 1-26　电流的读数

二、数字式万用表(以优德利 UT39A 型数字万用表为例)

1. 直流(交流)电压的测量

(1) 将红表笔插入“VΩ”插孔，黑表笔插入“COM”插孔。

(2) 正确选择量程，将功能开关置于直流或交流电压量程挡，如果事先不清楚被测电压的大小时，应先选择最高量程挡，根据读数需要逐步调低测量量程挡。

(3) 将测试笔并联到待测电源或负载上，从显示器上读取测量结果(如图 1-27 和图 1-28 所示)。

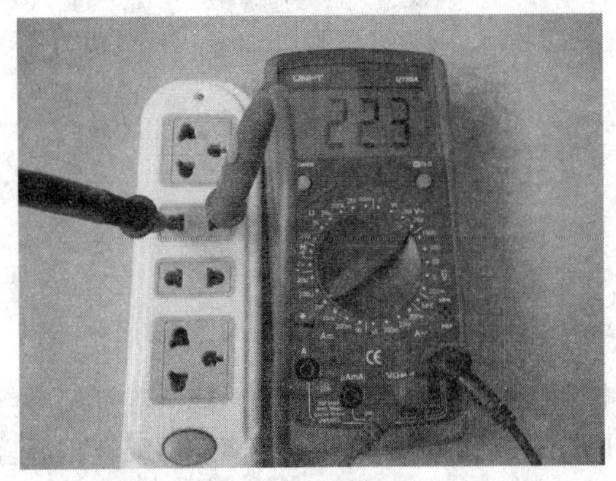

图 1-27　数字万用表测交流电压

图 1-28　数字万用表测直流电压

2. 电阻的测量

(1) 将红表笔插入“VΩ”插孔,黑表笔插入“COM”插孔。

(2) 将功能开关置于 Ω 量程,将测试表笔并接到待测电阻上。

(3) 从显示器上读取测量结果(如图 1-29 所示,电阻为 2.34 kΩ)。

注意:测在线电阻时,须确认被测电路已关掉电源,同时电容已放完电,方能进行测量。

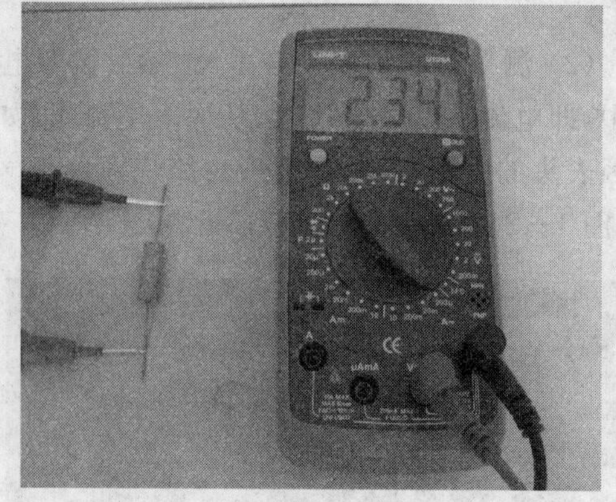

图 1-29 数字万用表测电阻

3. 直流(交流)电流的测量

(1) 将红表笔插入“mA”或“10A～20A”插孔(当测量 200 mA 以下的电流时,插入“mA”插孔;当测量 200 mA 及以上的电流时,插入“10A～20A”插孔),黑表笔插入“COM”插孔。

(2) 将功能开关置“A--”或“A～”量程,并将测试表笔串联接入待测负载回路里(如图 1-30 所示)。

(3) 从显示器上读取测量结果(如图 1-31 所示,电流为 60 mA)。

图 1-30 数字万用表测直流电流

图 1-31 电流的读数

4. 检查线路的通断

(1) 将红表笔插入“VΩ”插孔,黑表笔插入“COM”插孔。

(2) 将功能开关旋至蜂鸣器挡(如图 1-32 所示)。

(3) 将测试表笔接入被测电路,若被测线路电阻低于规定值(20±10 Ω),蜂鸣器可发出声音,表示线路是连通的。利用蜂鸣器检查线路通断既迅速又方便,因为使用者不需要读出电阻值,仅凭听觉即可做出判断。

图 1－32　蜂鸣器挡检查线路的通断

知识要点 2　钳形电流表的使用

钳形电流表简称钳形表(如图 1－33 所示)。钳形电流表主要由一只电磁式电流表和穿心式电流互感器组成，是一种不需断开电路就可直接测电路交流电流的携带式仪表，钳形表不但可以测量交流电流，还可以测量交直流电压及电流、电容容量、二极管、三极管、电阻、温度、频率等。

图 1－33　钳形电流表

一、使用方法

1. 测量前要机械调零：将表平放，指针应指在零位，否则调至零位。
2. 选择合适的量程：选量程的原则如下：

(1) 已知被测电流范围时，选用大于被测值但又与之最接近的量程。

(2) 不知被测电流范围时，可先置于电流最高档试测(或根据导线截面，并估算其安全载流量，选择适当量程)，根据试测情况决定是否需要降量程测量。总之，应使表针的偏转角度尽可能地大。

3. 测量：测试人应戴手套，将表平端，张开钳口，使被测导线进入钳口后再闭合钳口。

4. 读数：根据所使用的量程，在相应的刻度线上读取读数。**注意**：量程值即是满偏值。

5. 当使用最小量程测量，其读数还不明显时，可将被测导线绕几匝，匝数要以钳口中央的匝数为准，则读数＝指示值×量程/满偏×匝数。

6. 测量完毕，要将转换开关放在最大量程处。

7. 测量时，应使被测导线处在钳口的中央，并使钳口闭合紧密，以减少误差。

二、使用注意事项

1. 测量前对表作充分的检查，并正确地选择量程。

2. 测试时应戴手套(绝缘手套或清洁干燥的线手套)，必要时应设监护人。

3. 需转换量程测量时，应先将导线自钳口内退出，换量程后再钳入导线测量。

4. 不可测量裸导体上的电流。

5. 测量时，注意与附近带电体保持安全距离，并应注意不要造成相间短路和相对地短路。

6. 使用后，应将转换开关置于电流最高挡，有表套时将其放入表套，存放在干燥、无尘、无腐蚀性气体且不受震动的场所。

知识要点3 兆欧表的使用

兆欧表也称摇表(如图1-34所示)，由交流发电机倍压整流电路、表头、摇柄等部件组成，主要用于测量电气设备的绝缘电阻。兆欧表摇动时，产生直流电压。当绝缘材料加上一定电压后，绝缘材料中就会流过极其微弱的电流，这个电流由三部分组成，即电容电流、吸收电流和泄漏电流。兆欧表产生的直流电压与泄漏电流之比为绝缘电阻，用兆欧表检查绝缘材料是否合格的试验称为绝缘电阻试验，通过试验能够发现绝缘材料是否受潮、损伤、老化，从而发现设备缺陷。

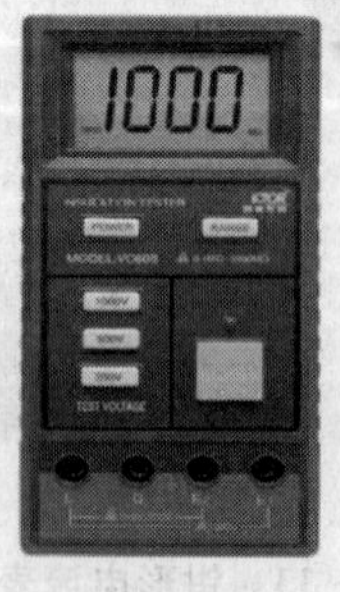

图1-34 兆欧表

一、兆欧表的选用

选用兆欧表时，其额定电压一定要与被测电器设备或线路的工作电压相适应，测量范围也

应与被测绝缘电阻的范围相吻合。兆欧表的额定电压有 250 V、500 V、1 000 V、2 500 V 等几种(如表 1－1 所列),测量范围有 500 MΩ、1 000 MΩ、2 000 MΩ 等几种。变电所一般用 500 V、1 000 V 或 2 500 V 的兆欧表。

表 1－1 兆欧表的选用

设备或线路的额定电压	兆欧表的电压等级	设备或线路的额定电压	兆欧表的电压等级
100 V 以下	250 V	3 000～10 000 V	2 500 V
100～5 00 V	500 V	10 000 V 以上	2 500 V 或 5 000 V
500～3 000 V	1 000 V		

二、兆欧表的接线

兆欧表有 3 个接线柱,上面分别标有线路(L)、接地(E)和屏蔽或保护环(G)。用兆欧表测量绝缘电阻时一般为线路(L)端子接被测体的芯线,接地(E)端子接大地,屏蔽或保护环(G)端子接钢铠。

三、兆欧表的使用

1. 断电与放电:将被测电缆停电后断开其与设备的连接,并将芯线短接对钢铠进行放电。

2. 选表:根据被测线路和设备的额定电压选择兆欧表的等级。

3. 检查兆欧表:检查兆欧表是否好用,兆欧表放平时,指针应指在"∞"处,慢速转动兆欧表,瞬时短接 L、E 接线柱,指针应指在"0"处。

4. 接线:将 E(接地)柱接铠装,L(线路)柱接被测芯线,G(屏蔽)柱绕接在电缆的绝缘表层上(测量电缆的绝缘电阻时,为消除绝缘表面泄漏电流的影响);端钮要拧紧;兆欧表引线应用多股软线且绝缘良好;兆欧表引线与带电体间应注意安全距离,防止触电。

5. 摇测、读数及断线:将兆欧表置于水平位置;手摇速度开始要慢,逐渐均匀加快至 120 r/min,以转动 1 min 后的读数为准;因较长的高压电缆被测时有寄存电容,结束时应先断开兆欧表线,然后停止摇动。

6. 放电:对被测电缆进行放电。

7. 恢复送电:将被测电缆恢复接线,按规定程序送电。

四、使用注意事项

1. 要将兆欧表置于水平位置,并保证放置牢稳。

2. 使用前先空载摇测检查仪表指示是否正确:未接线之前,先摇动兆欧表,观察指针是否在"∞"处。再将 L 和 E 两接线柱短路,慢慢摇动兆欧表,指针应在零处。方证实兆欧表良好。

3. 使用时接线要正确,端钮要拧紧;兆欧表的引线应用多股软线,且两根引线切忌绞在一起,以免造成测量数据不准确。

4. 使用兆欧表摇测绝缘时,被测物必须从各方面与其他电源断开,测量完毕后,应将被测物充分放电。在兆欧表未停止转动和被测物未放电之前,不可用手去触及被测物的测量部位或进行拆线,以防止人身触电。

5. 兆欧表摇把在转动时，其端钮间不允许短路，而摇测电容时应在摇把转动的情况下将接线断开，以免造成反充电损坏仪表。

6. 手摇速度开始要慢，逐渐均匀加快至 120 r/min，以转动 1 min 后读数为准。

7. 被测物表面应擦拭干净，不得有污物(如漆等)，以免造成测量数据不准确。

8. 所测绝缘电阻的准确性与测量方法和测量时的天气情况有非常密切的关系，测量时应注意选择湿度在 70%以下的天气进行测量。

9. 禁止在有雷电时或邻近高压设备时使用兆欧表，以免发生危险。

训练 1　万用表的使用技能训练

一、训练目标

1. 提高专业意识，培养良好的职业道德和职业习惯。
2. 熟悉指针式万用表和数字式万用表的使用方法。
3. 学会运用数字式万用表校验电路，提高技能水平。

二、训练设备工具器材

机电综合实训台、螺丝刀、数字式万用表、指针式万用表、电阻、干电池、插排等。

三、训练内容

1. 按人数分组，确定每组的组长。

2. 以小组为单位，使用指针式万用表和数字式万用表分别进行测量电阻、交直流电压和交直流电流的技能训练。要求：小组内每人都要参与测量并给出数据。

3. 以小组为单位，运用数字万用表的蜂鸣器挡对机电综合实训台上的实际电路进行校验，检查电路连接是否正确。要求：每组必须完成一个电路的校验任务，小组成员之间要齐心协力，对团结合作好的小组给予一定的加分。

技能考核单

评价类别	考核项目	考核标准	配分/分	得　分
专业能力	指针式万用表的使用	电工仪表使用方法正确，数据测量准确	25	
	数字式万用表的使用	电工仪表使用方法正确，数据测量准确	25	
	校验电路	电路校验准确，可以查出电路故障	30	
社会能力	团结协作	小组成员之间合作良好	8	
	敬业精神	遵守纪律，具有爱岗敬业、吃苦耐劳精神	7	
方法能力	计划和决策能力	计划和决策能力较好	5	

训练 2　钳形电流表和兆欧表的使用技能训练

一、训练目标

1. 提高专业意识，培养良好的职业道德和职业习惯。
2. 熟悉钳形电流表和兆欧表的使用方法。
3. 会运用钳形电流表测三相电流，会用兆欧表测量绝缘电阻，提高技能水平。

二、训练设备工具器材

机电综合实训台，三相异步电动机，钳形电流表，兆欧表，电工工具一套等。

三、训练内容

1. 按人数分组，确定每组的组长。

2. 以小组为单位，用钳形电流表测量三相异步电动机的电流并判断三相电流是否平衡。要求：小组内每人都要参与测量，由小组给出测量结果。

3. 以小组为单位，在机电综合实训台上用兆欧表测量线路间的绝缘电阻、线路对地的绝缘电阻、电动机定子绕组与机壳间的绝缘电阻。要求：小组每位成员都要参与测量，由小组给出测量结果。小组成员之间要齐心协力，共同制订方案并测量，对团结合作好的小组给予一定的加分。

技能考核单

评价类别	考核项目	考核标准	配分/分	得　分
专业能力	钳形电流表的使用	使用方法准确	20	
	钳形电流表测量电流	合理选择量程，测量结果准确	20	
	兆欧表的使用	使用方法准确	20	
	兆欧表测量绝缘电阻	接线正确，读数正确，测量结果准确	20	
社会能力	团结协作	小组成员之间合作良好	8	
	敬业精神	遵守纪律，具有爱岗敬业、吃苦耐劳精神	7	
方法能力	计划和决策能力	计划和决策能力较好	5	

技能训练二

室内线路的配线与安装

教学目标

知识目标

(1) 掌握室内线路配线的施工方法。

(2) 掌握常用照明设备的安装和接线方法。

(3) 学会照明电路图的识读。

能力目标

(1) 能够根据任务要求完成配电盘(板)的布线,并且走线规范,布局美观、合理。

(2) 能够按任务要求完成照明电路的安装和调试的工作任务,并能够检测和排除照明电路的常见故障。

(3) 熟练使用电工工具,并可以运用电工仪表校验和检查电路。

素质目标

(1) 应树立职业意识,并按照企业的"6S"(整理、整顿、清扫、清洁、素养、安全)质量管理体系要求自己。

(2) 操作过程中,必须时刻注意安全用电,严禁带电作业,严格遵守电工安全操作规程。

(3) 爱护工具和仪器仪表,自觉做好维护和保养工作。

(4) 锻炼实践动手能力和自主学习能力。

(5) 培养吃苦耐劳、爱岗敬业、团队合作、勇于创新的精神,并具备良好的职业道德。

任务 1　室内线路的配线

工作任务单

序　号	任务名称	任务目标
1	塑料护套线、塑料板槽、塑料 PVC 管的配线	掌握塑料护套线、塑料板槽、塑料 PVC 管的配线方法
2	板面布线	在机电综合实训网板台上完成配电盘布线，严格遵循板面布线的要求，布局美观、合理

材料工具单

项　目	名　称	数　量	型　号	备　注
所用工具	电工工具	每组一套		
所用仪表	数字万用表	每组一块	优德利 UT39A	
	兆欧表	每组一块	ZC－7 型	
所用材料	单股铜芯导线	若干	1 mm^2 或 1.5 mm^2	
	多股铜芯导线	若干	1 mm^2 或 1.5 mm^2	
	漏电保护器	每组各一个		
	熔断器	每组各一个		
	单向电度表	每组各一个		
	按钮开关	每组各一个		
所用设备	机电综合实训网板台		YL－210Ⅰ型	

知识要点 1　塑料护套线配线

护套线是一种具有塑料护层的双芯或多芯绝缘导线，它具有防潮、耐酸和耐腐蚀等性能。护套线可直接敷设在空心楼板内和建筑物的表面，用塑料线卡、铝片线卡（现已较少采用）作为导线的支持物。护套线敷设的方法简单、线路整齐美观、造价低廉，目前已逐渐取代瓷夹板、木槽板和绝缘子而广泛用于电气照明及其他小容量配电线路。但护套线不宜直接埋入抹灰层内暗敷，且不适用于室外露天场所明敷和大容量电路。

一、护套线的敷设

1. 画线定位

根据图纸确定线路的走向、各用电器的安装位置，然后用弹线袋画线，同时按护套线敷设的要求确定固定点，直线敷设段每隔150～200 mm画出固定塑料卡钉的位置；转角处距转角50～100 mm处画出固定塑料卡钉的位置；距开关、插座和灯具木台50～100 mm处都需增设塑料卡钉的固定点。

2. 放　线

放线时需两人合作，一人将整盘线套入双手中退线转动，另一人将线头向前拉直，放出的导线不得在地上拖拉，以免损伤护套层。为了使护套线敷设得平直，放线时不要让护套线扭曲。如线路较短，为便于施工，可按实际长度并留有一定的余量将导线剪断。

3. 塑料卡钉固定

固定护套线的塑料卡钉外形如图2-1所示，常用的塑料卡钉的规格有4、6、8、10、12号等，号码的大小表示塑料卡钉卡口的宽度。10号及以上为双钢钉塑料卡钉。根据所敷设护套线选用相应的塑料卡钉。钉塑料卡钉时根据所敷设的护套线的外形是圆形的还是扁形的，选用圆形卡槽或是方形卡槽的卡钉。同一根护套线上固定单钉塑料卡钉时，钢钉的位置应在同一方向(或在同一区域内)。通常用的卡钉是钢钉，可以直接钉在墙上，钉的时候要适可而止，否则，把墙面钉崩了就得换位置重钉。

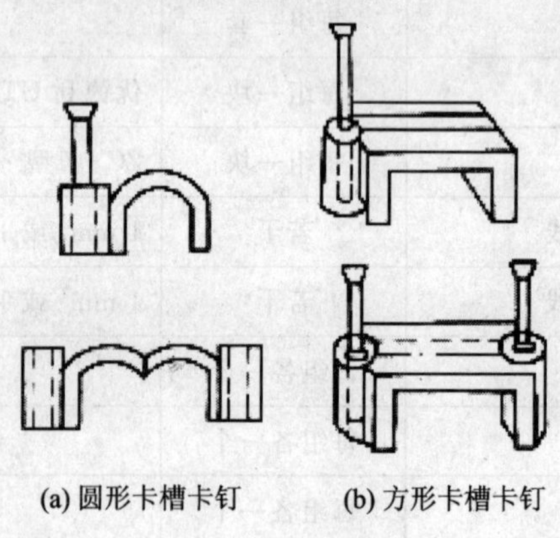

(a) 圆形卡槽卡钉　(b) 方形卡槽卡钉

图2-1　塑料卡钉

4. 接线盒内接线和连接用电设备

剥开导线绝缘层，接好开关、插座、灯头、电器等，然后固定好。

5. 绝缘测量及通电试验

全面检查线路是否正确；用兆欧表测量线路绝缘电阻值不得小于0.22MΩ；通电试验。

二、护套线配线时的注意事项

1. 室内使用护套线时，规定铜芯截面积不得小于0.5 mm^2；铝芯截面积不得小于1.5 mm^2；室外使用时，铜芯截面积不得小于1.0 mm^2，铝芯截面积不得小于2.5 mm^2。

2. 护套线不可在线路上直接连接，需连接可采用“走回头线”的方法或增加接线盒，将连接或分支接头设在接线盒内。

3. 护套线在同一墙面上转弯时，必须保持相互垂直，弯曲导线要均匀，弯曲半径不应小于护套线宽度的3倍，半径太小会损伤线芯(尤其是铝芯线)，半径太大则影响线路美观。护套线在转弯前后应各用塑料卡钉固定，如图2-2所示。

4. 两根护套线相互交叉时，交叉处要用4个塑料卡钉固定护套线。

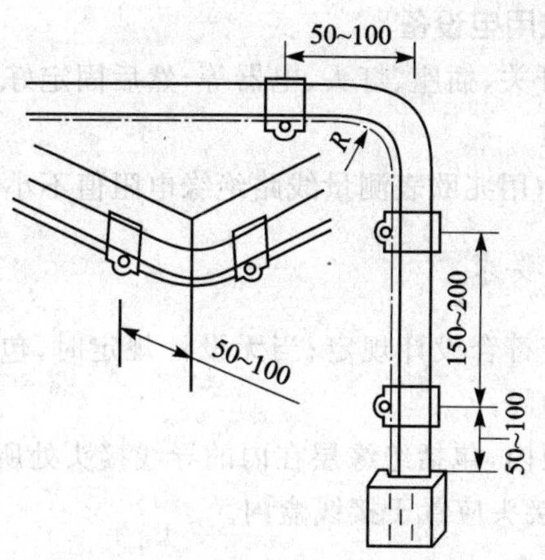

图 2-2　护套线各固定点的位置

5. 护套线线路的离地最小距离不得小于 0.15 m，凡穿楼板及离地低于 0.15 m 的护套线，应加钢管（或硬质塑料管）保护，以防导线遭受机械损伤。

知识要点 2　塑料槽板配线

塑料槽板配线导线不外露，比较美观，多用于干燥场合做永久性明线敷设，也常用于简易建筑或永久性建筑的附加线路，例如住宅、办公室等室内布线。

一、塑料槽板的施工方法

1. 定位画线

为了美观，槽板一般沿建筑物墙、柱、顶的边角处布置，要横平竖直。为了便于施工，槽板不能紧靠墙角，有时要有意识地避开不易打孔的混凝土梁、柱。位置定好后先用粉袋弹线，由于槽板配线一般都是后加线路，施工过程中要保持墙面整洁。弹线时，横线弹在槽上沿，纵线弹在槽中央位置，这样安装上槽板就将线挡住了。

2. 槽底下料

根据所画线位置将槽底截成合适长度，平面转角处槽底要锯成 45°斜角，下料时使用手钢锯。有接线盒的位置，槽板到盒边为止。

3. 固定槽底和明装盒

用木螺钉将槽底和明装盒用胀管固定好。槽底的固定点位置，直线段小于 0.5 m；短线段距两端 0.1 m。在明装盒下部适当位置开孔，用于进线。

4. 下线、盖槽盖

按线路走向将槽盖料下好，由于在拐弯分支的地方都要加附件，槽盖下料时要控制好长度，槽盖要压在附件下 8～10 mm。进盒的地方可以使用进盒插口，也可以直接将槽盖压入盒下。直线段对接时上面可以不加附件，接缝要接严。槽盖的接缝最好与槽底接缝错开。将导线放入线槽，槽内不许有接线头，若必须接头时要加装接线盒。放导线后将槽盖盖上，以免导线掉落。

5. 接线盒内接线和连接用电设备

剥开导线绝缘层，接好开关、插座、灯头、电器等，然后固定好。

6. 绝缘测量及通电试验

全面检查线路是否正确；用兆欧表测量线路绝缘电阻值不小于 0.22 MΩ；通电试验。

二、槽板内导线敷设要求

1. 导线的规格和数量应符合设计规定；当无设计规定时，包括绝缘层在内的导线总截面积不应大于线槽截面积的 60%。

2. 在可拆卸盖板的槽板内，包括绝缘层在内的导线接头处所有导线截面积之和不应大于线槽截面积的 75%；导线的接头应置于接线盒内。

知识要点 3　塑料 PVC 管配线

塑料 PVC 明敷线管用于环境条件不好的室内线路敷设，如潮湿场所、有粉尘的场所、有防爆要求的场所、工厂车间内不能做暗敷线路的场所。施工步骤是：先定位、画线、安放固定线管用的预埋件(如角铁架、胀管等)——这与塑料护套线和塑料槽板配线方法相同；后下料、连接、固定、穿线等。

一、PVC 塑料管明敷线管的固定

线管的固定可以用管卡、胀管、木螺钉直接固定在墙上，固定方法如图 2-3 所示。

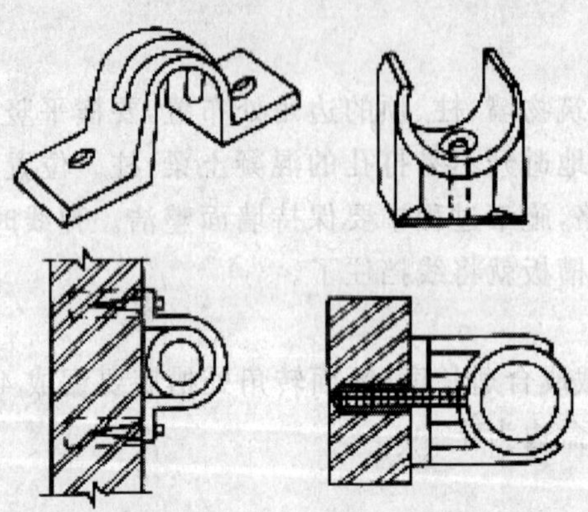

图 2-3　塑料管明敷设的固定方法

支持点布设位置如图 2-3 所示，明敷的线管是用管卡来支的。单根线管可选用成品管卡，规格的标称方法与线管相同，故选用时必须与管子规格相匹配。

二、管卡的安装要求

管卡应用两只同规格的木螺钉固定，管卡中线必须与线路保持垂直。木螺钉应固定在木榫、胀管的中心部位；两只木螺钉尾部均应平服地把两卡边压紧，切忌出现单边压紧，或歪斜不正等现象。首先要使木榫安装位置正确，而木榫安装质量又与定位和钻孔有关。若用胀管来

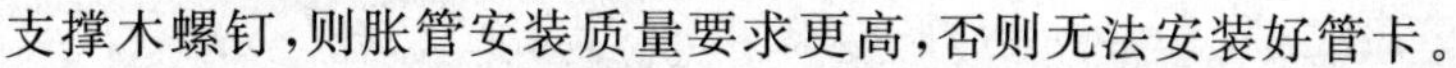

支撑木螺钉，则胀管安装质量要求更高，否则无法安装好管卡。

三、PVC塑料管敷设方法

1. 水平走向的线路宜自左至右逐段敷设，垂直走向的宜由下至上敷设。

2. PVC管的弯曲不需加热，可以直接冷弯。为了防止弯瘪，弯管时可在管内插入弯管弹簧，弯管后将弹簧拉出，弯管半径不宜过小。如需小半径转弯时，可用定型的PVC弯管或三通管。在管中部弯时，将弹簧两端拴上铁丝，以便于拉动。不同内径的管子配不同规格的弹簧。切割PVC管可以用手钢锯，也可以用专用管钳。

3. PVC管连接、转弯、分支可使用专用配套PVC管连接附件，如图2-4所示。连接时应采用插入连接，管口应平整、光滑，连接处结合面应涂专用胶合剂，套管长度宜为管外径的1.5～3倍。

4. 多管并列敷设的明设管线，管与管之间不得出现间隙；在线路转角处也要求达到管管相贴，顺弧共曲，故要求弯管加工时特别小心。

5. 在水平方向敷设的多管（管径不一的）线路，一般要求大规格线管置于下方，小规格线管安排在上方，依次排叠。多管敷设的管卡，由施工人员按需自行制作，应大小得体、骑压着力，以能使管平服为标准。

6. 装上接线盒。管口与接线盒连接，应用两只薄型螺母内外拧紧。

7. 管口进入电源箱或控制箱（盒）时，管口应伸入10 mm。如果是钢制箱体，应用薄型螺母内外拧紧。在进入电源箱或控制箱（盒）前在近管口处的线管应做小幅度的折曲（俗称“定伸”），不应直线伸入，如图2-5所示。

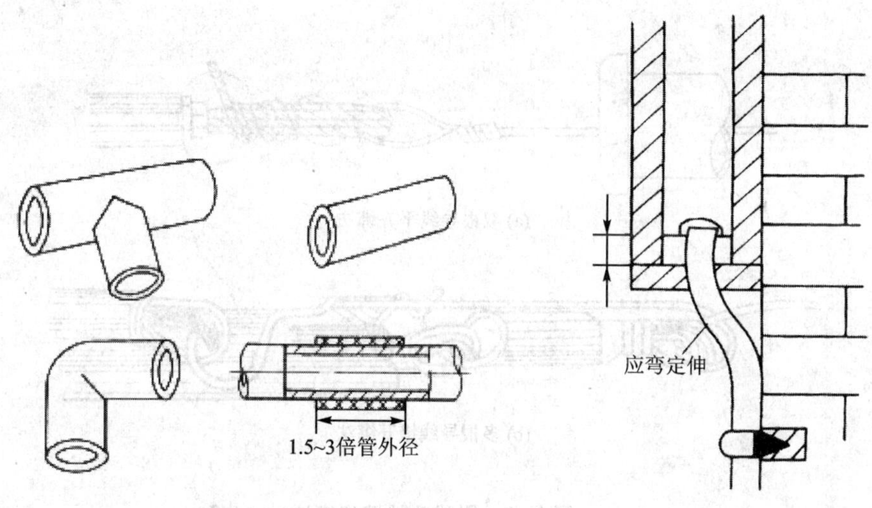

图2-4　PVC管连接专用附件　　图2-5　管口入箱（盒）要求

8. PVC管敷设时应减少弯曲，当直线段长度超过15 m或直角弯超过3个时，应增设接线盒。

四、管内穿线

1. 穿钢丝

将钢丝端头弯成小钩，从管口插入。由于管子中间有弯，穿入时钢丝要不断向一个方向转动，一边穿一边转，如果没有堵管，很快就能从另一端穿出。如果管内弯较多不易穿过时，则可从管另一端再穿入一根钢丝，当感觉到两根钢丝碰到一块时，两人从两端反方向转动两根钢丝，使两钢丝绞在起，然后一拉一送，即可将钢丝穿过去，如图 2－6 所示。

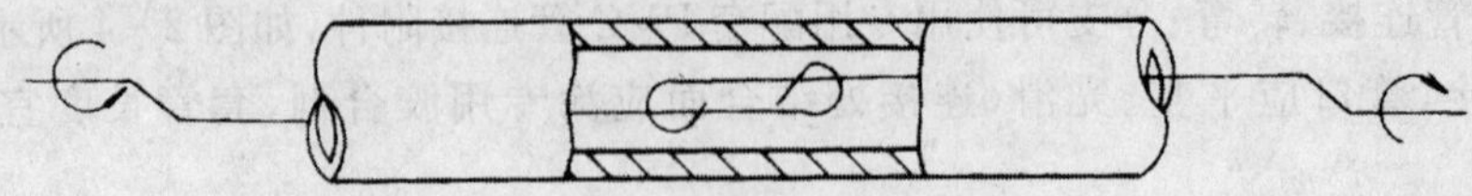

图 2－6　管两端穿钢丝示意图

2. 带　线

钢丝穿入管中后，就可以带导线了。一根管中导线根数多少不一，最少两根，多至五根，按设计所标的根数一次穿入。在钢丝上套入一个塑料护口，钢丝尾端做一个死环套，将导线绝缘剥去 50 mm 左右，几根导线均穿入环套，线头弯回后用其中一根自缠绑扎，如图 2－7 所示。多根导线在拉入过程中，导线要排顺，不能有绞合，不能出现死弯，一个人将钢丝向外拉，另一个人拿住导线向里送。将导线拉过去后，留下足够的长度，把线头打开取下钢丝，线尾端也留下足够的导线长度后剪断，一般留头长度为出盒 100 mm 左右。在施工中要注意总结经验，导线要够长以便于接线操作，但又不能过长，否则接完后在盒内放不下。

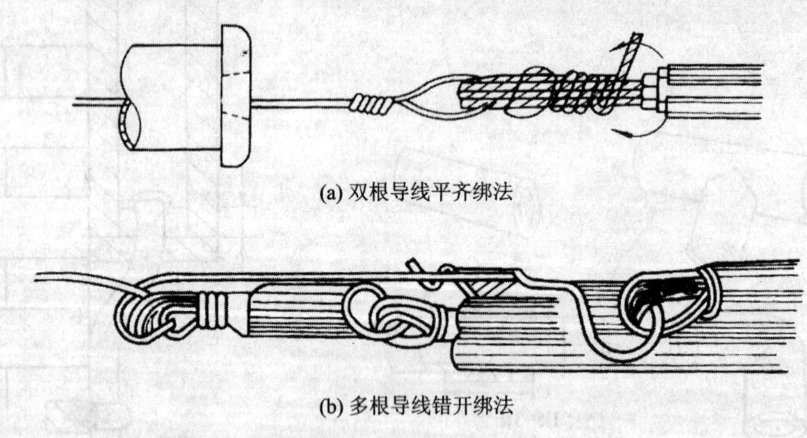

(a) 双根导线平齐绑法

(b) 多根导线错开绑法

图 2－7　引线头的缠绕绑法

有些导线要穿过一个接线盒到另一个接线盒，一般采取两种方法：一种是所有导线到中间接线盒后全部截断，再接着穿另一段，两段在接线盒内进行导线连接；另一种是穿到中间接线盒后继续向前穿，一直穿到下一个接线盒。两种做法第一种比较清晰，不易穿错线，第二种盒内接线少，占空间少，节省导线。

知识要点4 板面布线

照明配电板是用户室内照明及电器用电的配电点，输入端接在供电部门送到用户的进户线上，它将计量、保护和控制电器安装在一起，便于管理和维护，有利于安全用电。

照明配电板上一般有电度表、控制开关、熔断器、漏电保护器等。普通照明配电板如图2－8所示。

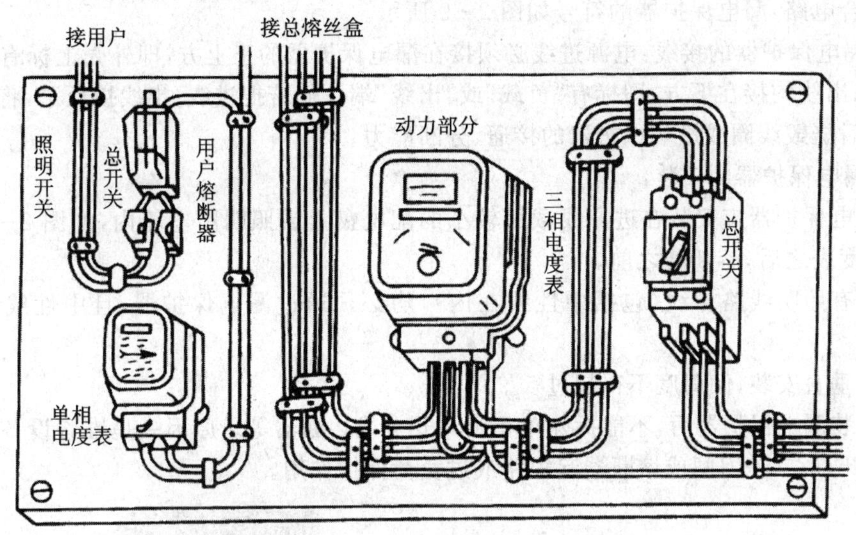

图2－8 普通照明配电板

一、板面布线要求

1. 板前硬线布线方法

电气元件布局确定以后，就要根据电气原理图并按一定工艺要求进行布线和接线。布线和接线的正确、合理、美观与否将直接影响施工质量。

根据电气原理图或电气接线图进行布线时，导线截面积要符合用电设备的容量要求。导线的选择主要考虑安全截流量。

2. 板前硬线布线工艺要求

(1) 导线尽可能靠近元器件走线。

(2) 要求“横平竖直”，自由成形。

(3) 导线之间避免交叉。

(4) 导线转弯应成直角。

(5) 布线应尽可能贴近配电板面，相邻元器件之间亦可“空中走线”。

(6) 按钮连接线必须用多股铜芯软线，与配电板上元器件连接时必须通过接线端，并加以编号。

3. 板后软线布线

板后布线一般采用软线，板后导线长度应留有一定接线余量，配电板面打孔位置要求排列整齐，相对位置正确，线路编号清晰，便于查找故障。

二、配电盘设备的安装

1. 漏电保护器的安装

漏电保护器对电器设备的漏电电流极为敏感。当人体接触了漏电的用电器时，产生的漏电电流只要达到10～30 mA，就能使漏电保护器在极短的时间（如0.1 s）内跳闸，电源切断，有效地防止了触电事故的发生。漏电保护器还有断路器的功能，可以在交、直流低压电路中手动或电动分合电路，漏电保护器的符号如图2－9所示。

（1）漏电保护器的接线：电源进线必须接在漏电保护器的正上方，即外壳上标有“电源”或“进线”端；出线均接在下方，即标有“负载”或“出线”端。倘若把进线、出线接反了，将会导致保护器动作后烧毁线圈或影响保护器的接通、分断能力。

（2）漏电保护器的安装：

① 漏电保护器应安装在进户线截面较小的配电盘上或照明配电箱内，如图2－10所示。安装在电度表之后，熔断器之前。

② 所有照明线路导线（包括中性线在内），均必须通过漏电保护器，且中性线必须与地绝缘。

③ 应垂直安装，倾斜度不得超过5°。

④ 安装漏电保护器后，不能拆除单相闸刀开关或熔断器等。原因一是维修设备时有一个明显的断开点；二是刀闸或熔断器起短路或过负荷保护作用。

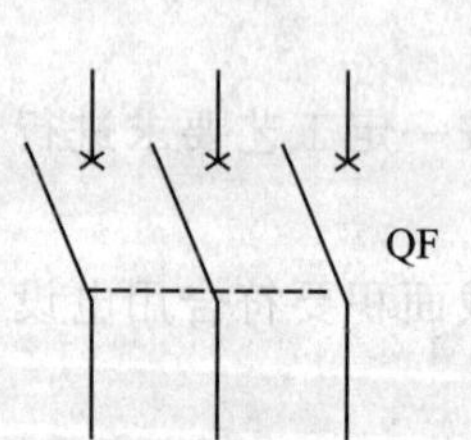

图2－9　漏电保护器的符号

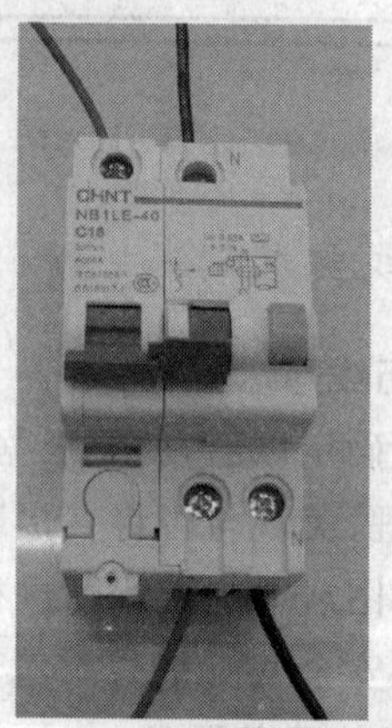

图2－10　漏电保护器的接线

2. 熔断器的安装

低压熔断器广泛用于低压供配电系统和控制系统中，主要用作电路的短路保护，有时也可用于过负载保护。熔断器在使用时串联在被保护的电路中，当电路发生短路故障，通过熔断器的电流达到或超过某一规定值时，熔断器以其自身产生的热量使熔体熔断，从而自动切断电路，达到保护电路及用电设备的作用。低压熔断器的符号如图2－11所示。

熔断器的安装要点如下：

（1）安装熔断器时必须断电。

（2）安装位置及相互间距应便于更换熔体。

(3) 应垂直安装,并应能防止电弧飞溅到临近带电体。

(4) 熔断器应安装在线路的各相线(火线)上,单相二线制的中性线上也应安装熔断器,如图 2－12 所示。

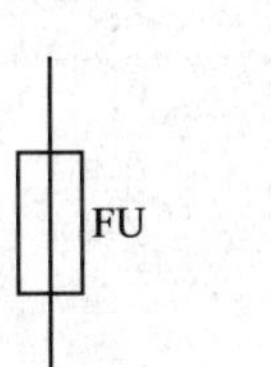

图 2－11　低压熔断器的符号

图 2－12　熔断器的安装

3. 单相电度表的安装

(1) 单相电度表的接线:单相电度表接线盒里共有 4 个接线桩,从左至右按 1、2、3、4 编号。接线时可按编号 1、3 接进线(1 接相线,3 接中性线),2、4 接出线(2 接相线,4 接中性线),接线图如图 2－13 所示。

注意:在具体接线时,应以电度表接线盒盖内侧的线路图为准。

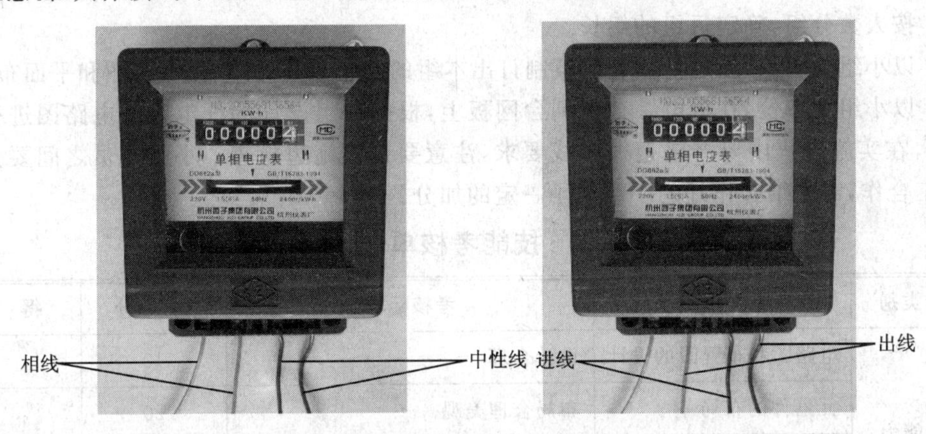

图 2－13　单相电度表的接线

(2) 电度表的安装要点如下:

① 电度表应安装在箱体内或涂有防潮漆的木制底盘、塑料底盘上。

② 为确保电度表的精度,安装时表的位置必须与地面保持垂直,其垂直方向的偏移不大于 1°。表箱的下沿离地高度应在 1.7～2 m 之间,暗式表箱下沿离地 1.5 m 左右。

③ 单相电度表一般应装在配电盘的左边或上方,而开关应装在右边或下方。与上、下进线间的距离大约为 80 mm,与其他仪表左右距离大约为 60 mm。

④ 电度表一般应安装在走廊、门厅、屋檐下,切忌安装在厨房、厕所等潮湿或有腐蚀性气

体的地方。现住宅多采用集表箱,集表箱安装在走廊。

⑤ 电度表的进线出线应使用铜芯绝缘线,线芯截面不得小于1.5 mm。接线要牢固,但不可焊接,裸露的线头不可露出接线盒。

⑥ 由供电部门直接收取电费的电度表,一般由指定部门验表,然后由验表部门在表头盒上封铅封或塑料封,安装完后,再由供电局直接在接线桩头盖上或计量柜门封上铅封或塑料封。未经允许,不得拆封。

训练1 配电盘(板)布线技能训练

一、训练目标

1. 提高专业意识,培养良好的职业道德和职业习惯。
2. 学会配电盘(板)的安装和布线的基本技能。
3. 培养团队意识和敬业精神。

二、训练设备工具器材

机电综合实训网板台,单相电度表,漏电保护器,熔断器,按钮开关(刀闸开关),数字万用表,电工工具一套,导线若干等。

三、训练内容

1. 按人数分组,确定每组的组长。
2. 以小组为单位,通过计划和决策制订出本组的实施方案,并画出电路图和平面布置图。
3. 以小组为单位,在机电综合实训台网板上,根据本组设计的配电盘的电路图进行安装和布线,在实施过程中要严格遵循布线要求,注意要边实施边检查。小组成员之间要齐心协力,分工合作,对团结合作好的小组给予一定的加分。

技能考核单

评价类别	考核项目	考核标准	配分/分	得　分
专业能力	电路图和布置图的设计	设计合理	10	
	元器件的布局	布局合理美观	20	
	线路的布线安装	安装紧固,布线美观合理	30	
	通电试验	通电试验成功	20	
社会能力	团结协作	小组成员之间合作良好	8	
	敬业精神	遵守纪律,具有爱岗敬业、吃苦耐劳精神	7	
方法能力	计划和决策能力	计划和决策能力较好	5	

任务2　照明电路的安装与调试

工作任务单

序　号	任务名称	任务目标
1	照明设备的接线与安装	掌握照明设备的安装和接线方法
2	照明设备的故障及排除	会判断照明设备的常见故障并进行排除
3	照明电路的安装与调试	以小组合作的方式完成照明电路的安装与调试任务

材料工具单

项　目	名　称	数　量	型　号	备　注
所用工具	电工工具	每组一套		
所用仪表	数字万用表	每组一块	优德利 UT39A	
所用材料	单股铜芯导线	若干	1 mm^2 或 1.5 mm^2	
	多股铜芯导线	若干	1 mm^2 或 1.5 mm^2	
	漏电保护器	每组各一个		
	熔断器	每组各一个		
	单向电度表	每组各一个		
	日光灯	每组各一个		
	白炽灯			
	开关			
	插座			
所用设备	机电综合实训网板台		YL－210Ⅰ型	

知识要点1　照明设备的安装

一、照明电路安装要求

1. 布　局

根据设计的照明电路图，确定各元器件安装的位置，布局合理，结构紧凑，控制方便，美观大方。

2. 固定器件

将选择好的器件固定在网板上，各个器件排列时必须整齐。固定的时候，先对角固定，再两边固定。要求元器件固定可靠，安装牢固。

3. 布　线

先处理好导线，将导线拉直，消除弯、折，布线要横平竖直，排列整齐，转弯成直角，并做到高低一致或前后一致，少交叉，应尽量避免导线接头。多根导线并拢平行走，按"左中性(零)右相"的原则(即左边接中性线，右边接相线)走线。

4. 接　线

由上至下，先串后并；接线正确，各接点不能松动，敷线平直整齐，无漏铜、反圈、压胶，每个接线端子上连接导线根数一般不超过两根，绝缘性能好，外形美观。红色线接电源相线(L)，黑色线接中性线(N)，黄绿双色线接地线(PE)；相(火)线过开关，中性线一般不进开关；电源相线进线接单相电度表端子"1"，电源中性线进线接端子"3"，端子"2"为相线出线，端子"4"为中性线出线。进出线应合理汇集在端子排上。

5. 检查线路

用肉眼观看电路，看有没有接出多余线头。参照设计的照明电路安装图检查每条线是否严格按要求连接，每条线有没有接错位，注意电度表有无接反，漏电保护器、熔断器、开关、插座等元器件的接线是否正确。

6. 通　电

送电由电源端开始往负载依次顺序送电，先合上漏电保护器开关，然后合上控制白炽灯的开关，白炽灯正常发光；合上控制日光灯开关，日光灯正常发光；插座可以正常工作，电度表根据负载大小决定表盘转动快慢，负荷大时，表盘就转动快，用电就多。

7. 故障排除

操作各功能开关时，若不符合要求，应立即断电。判断照明电路的故障，可以用数字万用表蜂鸣器挡检查线路，要注意人身安全和万用表挡位。

二、照明设备的安装

照明电路的组成包括电源的引入、单相电度表、漏电保护器、熔断器、插座、灯头、开关、照明灯具和各类电线及配件辅料。

1. 开关和插座的安装

(1) 照明开关是控制灯具的电气元件，起控制照明电灯的亮与灭的作用(即接通或断开照明线路)。开关有明装和暗装之分，家庭一般是暗装开关。开关的接线如图 2-14 所示。

注意：相线(火线)进开关。

(2)根据电源电压的不同，插座可分为三相四孔插座和单相三孔或二孔插座；家庭一般都是单相插座，实验室一般要安装三相插座。根据安装形式不同，插座又可分为明装式和暗装式，家庭一般都是暗装插座。单相两孔插座有横装和竖装两种。横装时，接线原则是左中性右相(火)；竖装时，接线原则是上相(火)下中性。单相三孔插座的接线原则是左中性，右相(火)，上接地(如图 2-15 所示)。另外在接线时也可根据插座后面的标识，L 端接相线，N 端接中性线，E 端接地线。

注意：根据标准规定，相线(火线)是红色线，中性线(零线)是黑色线，接地线是黄绿双色线。

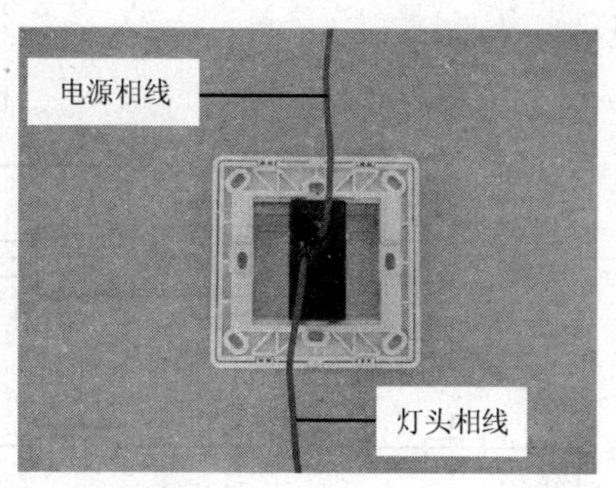

图 2-14　开关的接线

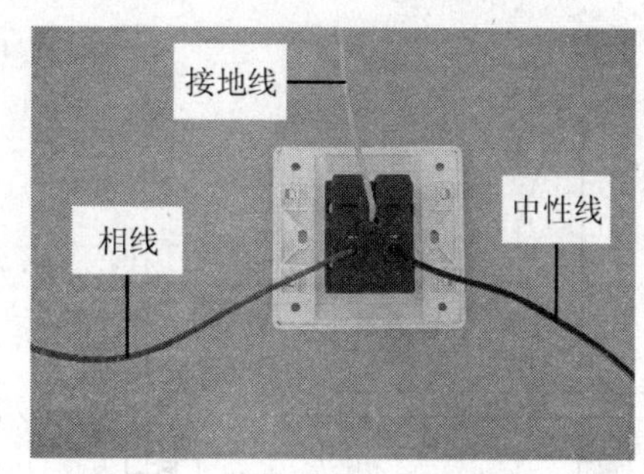

图 2-15　单相三孔插座的接线

(3) 照明开关和插座的安装：

首先在准备安装开关和插座的地方钻孔，然后按照开关和插座的尺寸安装线盒，接着按接线要求，将盒内甩出的导线与开关、插座的面板连接好(如图 2-16(a)所示)，将开关或插座推入盒内对正盒眼，用螺丝固定(如图 2-16(b)所示)。固定时要使面板端正，并与墙面平齐(如图 2-16(c)所示)。

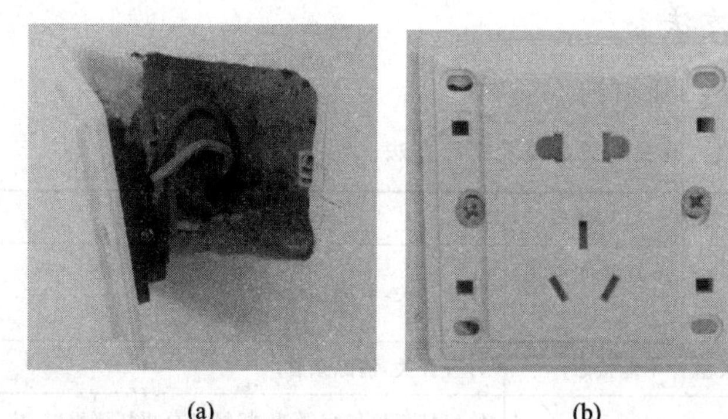

(a)　　(b)　　(c)

图 2-16　开关的安装

2. 灯座的安装

插口灯座上的两个接线端子可任意连接中性线和来自开关的相线；但是螺口灯座上的接线端子，必须把零线连接在连通螺纹圈的接线端子上，把来自开关的相线连接在连通中心铜簧片的接线端子上。

3. 日光灯的安装

日光灯的镇流器有电感镇流器和电子镇流器两种。目前，大部分日光灯的镇流器都采用电子镇流器。电子镇流器具有高效节能、启动电压较宽、启动时间短(0.5 s)、无噪声、无频闪等优点。

日光灯的安装步骤如下：

(1) 根据采用电子镇流器(或电感镇流器)的日光灯电路接线图将电源线接入日光灯电路中，如图 2-17 与图 2-18 所示。

(2) 将日光灯的灯座固定在相应位置。

(3) 安装日光灯灯管。先将灯管引脚插入有弹簧一端的灯脚内并用力推入，然后将另一端对准灯脚,利用弹簧的作用用力使其插入灯脚内。

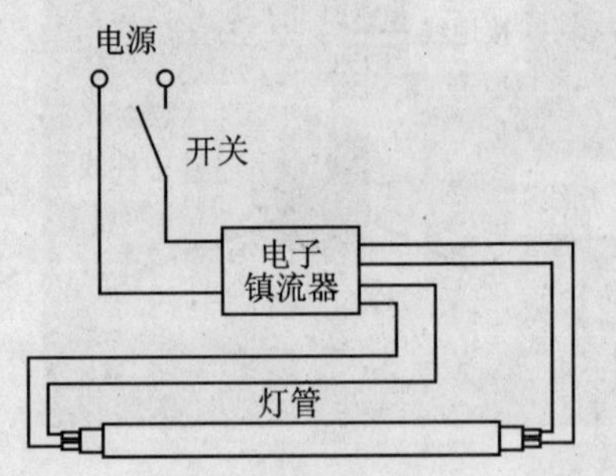

图 2-17　采用电子镇流器的日光灯电路接线图

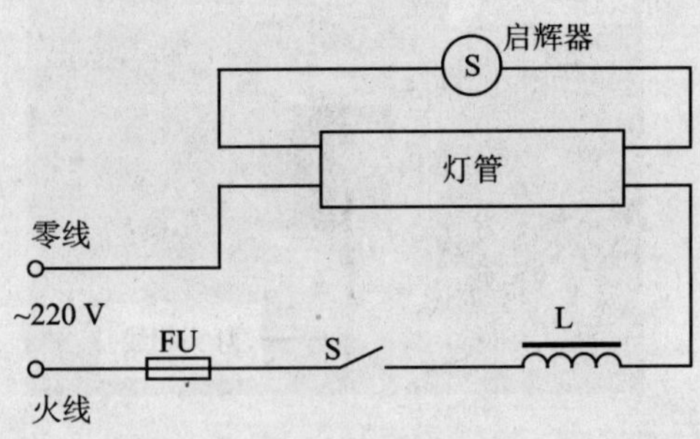

图 2-18　采用电感镇流器的日光灯电路接线图

知识要点 2　照明设备的常见故障及排除方法

一、开关的常见故障及排除方法

开关的常见故障及排除方法如表 2-1 所列。

表 2-1　开关常见故障及排除方法

故障现象	产生原因	排除方法
开关操作后电路不通	接线螺丝松脱,导线与开关导体不能接触	打开开关,紧固接线螺丝
	内部有杂物,使开关触片不能接触	打开开关,清除杂物
	机械卡死,拔不动	给机械部位加润滑油,机械部分损坏严重时,应更换开关
接触不良	压线螺丝松脱	打开开关盖,压紧压线螺丝
	开关触点上有污物	断电后,清除污物
	拉线开关触点磨损、打滑	断电后修理或更换开关
开关烧坏	负载短路	处理短路点,并恢复供电
	长期过载	减轻负载或更换容量大一级的开关
漏　电	开关防护盖损坏或开关内部接线头外露	重新配全开关盖,并接好开关的电源连接线
	受潮或受雨淋	断电后进行烘干处理,并加装防雨措施

二、插座的常见故障及排除方法

插座的常见故障及排除方法如表 2-2 所列。

表 2-2　插座常见故障及排除方法

故障现象	产生原因	排除方法
插头插上后不通电或接触不良	插头压线螺丝松动，连接导线与插头片接触不良	打开插头，重新压接导线与插头的连接螺丝
	插头根部电源线在绝缘皮内部折断，造成时通时断	剪断插头端部一段导线，重新连接
	插座口过松或插座触片位置偏移，使插头接触不上	断电后，将插座触片收拢一些，使其与插头接触良好
	插座引线与插座压接导线螺丝松动，引起接触不良	重新连接插座电源线，并旋紧螺丝
插座烧坏	插座长期过载	减轻负载或更换容量大的插座
	插座连接线处接触不良	紧固螺丝，使导线与触片连接好并清理生锈处
	插座局部漏电引起短路	更换插座
插座短路	导线接头有毛刺，在插座内松脱引起短路	重新连接导线与插座，在接线时要注意清除接线毛刺
	插座的两插口相距过近，插头插入后碰连引起短路	断电后，打开插座修理
	插头内部接线螺丝脱落引起短路	重新把紧固螺丝旋进螺母位置，固定紧
	插头负载端短路，插头插入后引起弧光短路	消除负载短路故障后，断电更换同型号的插座

三、日光灯的常见故障及排除方法

日光灯的常见故障及排除方法如表 2-3 所列。

表 2-3　日光灯常见故障及排除方法

故障现象	产生原因	排除方法
日光灯不能发光	停电或保险丝烧断导致无电源	找出断电原因，检修好故障后恢复送电
	灯管漏气或灯丝断	用万用表检查或观察荧光粉是否变色，如确认灯管损坏，可换新灯管
	电源电压过低	升高电压
	新装日光灯接线错误	检查线路，重新接线
	电子镇流器整流桥开路	更换整流桥
日光灯灯光抖动或两端发红	接线错误或灯座灯脚松动	检查线路或修理灯座
	电子镇流器谐振电容器容量不足或开路	更换谐振电容器
	灯管老化，放电作用降低	更换灯管
	电源电压过低或线路电压降过大	升高电压或加粗导线
	气温过低	用热毛巾加热灯管

续表 2-3

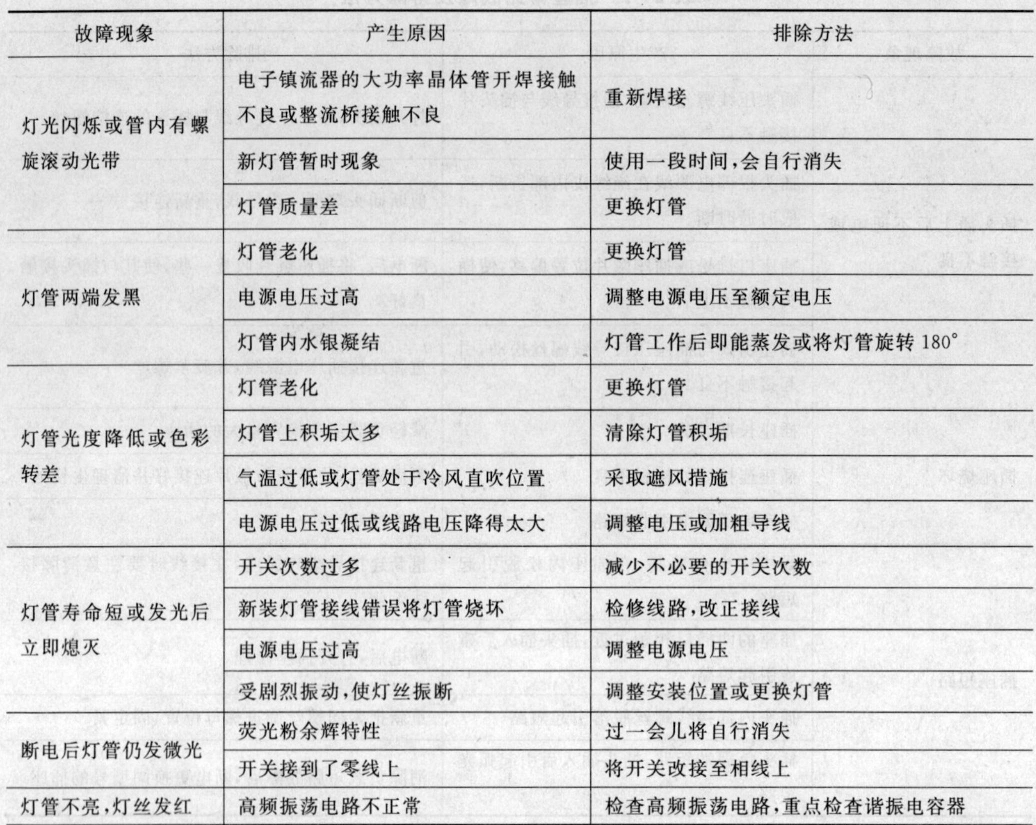

故障现象	产生原因	排除方法
灯光闪烁或管内有螺旋滚动光带	电子镇流器的大功率晶体管开焊接触不良或整流桥接触不良	重新焊接
	新灯管暂时现象	使用一段时间,会自行消失
	灯管质量差	更换灯管
灯管两端发黑	灯管老化	更换灯管
	电源电压过高	调整电源电压至额定电压
	灯管内水银凝结	灯管工作后即能蒸发或将灯管旋转 180°
灯管光度降低或色彩转差	灯管老化	更换灯管
	灯管上积垢太多	清除灯管积垢
	气温过低或灯管处于冷风直吹位置	采取遮风措施
	电源电压过低或线路电压降得太大	调整电压或加粗导线
灯管寿命短或发光后立即熄灭	开关次数过多	减少不必要的开关次数
	新装灯管接线错误将灯管烧坏	检修线路,改正接线
	电源电压过高	调整电源电压
	受剧烈振动,使灯丝振断	调整安装位置或更换灯管
断电后灯管仍发微光	荧光粉余辉特性	过一会儿将自行消失
	开关接到了零线上	将开关改接至相线上
灯管不亮,灯丝发红	高频振荡电路不正常	检查高频振荡电路,重点检查谐振电容器

四、白炽灯的常见故障及排除方法

白炽灯的常见故障及排除方法如表 2-4 所列。

表 2-4　白炽灯常见故障及排除方法

故障现象	产生原因	排除方法
灯泡不亮	灯泡钨丝烧断	更换灯泡
	灯座或开关触点接触不良	修复接触不良的触点,无法修复时,应更换完好的触点
	停电或电路开路	修复线路
	电源熔断器熔丝烧断	检查熔丝烧断的原因并更换新熔丝
灯泡强烈发光后瞬时烧毁	灯丝局部短路(俗称搭丝)	更换灯泡
	灯泡额定电压低于电源电压	换用额定电压与电源电压一致的灯泡
灯光忽亮忽暗,或忽亮忽熄	灯座或开关触点(或接线)松动,或因表面存在氧化层(铝质导线、触点易出现)	修复松动的触点或接线,去除氧化层后重新接线,或去除触点的氧化层
	电源电压波动(通常附近有大容量负载经常启动引起)	更换配电所变压器,增加容量
	熔断器熔丝接头接触不良	重新安装,或加固压紧螺钉
	导线连接处松散	重新连接导线

续表 2-4

故障现象	产生原因	排除方法
开关合上后熔断器熔丝烧断	灯座或挂线盒连接处两线头短路	重新接线头
	螺口灯座内中心铜片与螺旋铜圈相碰、短路	检查灯座并扳准中心铜片
	熔丝太细	正确选配熔丝规格
	线路短路	修复线路
	用电器发生短路	检查并修复用电器
灯光暗淡	灯泡内钨丝挥发后积聚在玻璃壳内表面,透光度降低,同时由于钨丝挥发后变细,电阻增大,电流减小,光通量减小	正常现象
	灯座、开关或导线对地严重漏电	更换完好的灯座、开关或导线
	灯座、开关接触不良,或导线连接处接触电阻增加	修复接触不良的触点,重新连接接头
	线路导线太长太细,线路压降太大	缩短线路长度,或更换较大截面的导线
	电源电压过低	调整电源电压

五、漏电保护器的常见故障及排除方法

漏电保护器的常见故障有拒动作和误动作。拒动作是指线路或设备已发生预期的触电或漏电时漏电保护装置拒绝动作;误动作是指线路或设备未发生触电或漏电时漏电保护装置的动作。漏电保护器的常见故障及排除方法如表 2-5 所列。

表 2-5　漏电保护器常见故障及排除方法

故障现象	产生原因	排除方法
拒动作	漏电动作电流选择不当。选用的保护器动作电流过大或整定过大,而实际产生的漏电值没有达到规定值,使保护器拒动作	重新选择漏电动作电流
	接线错误。在漏电保护器后,如果把保护线(即 PE 线)与中性线(N 线)接在一起,发生漏电时,漏电保护器将拒动作	重新接线
	产品质量低劣,零序电流互感器二次电路断路、脱扣元件故障	更换产品
误动作	接线错误,误把保护线(PE 线)与中性线(N 线)接反	重新接线
	在照明和动力合用的三相四线制电路中,错误地选用三极漏电保护器,将负载的中性线直接接在漏电保护器的电源侧	更换漏电保护器
	漏电保护器后方有中性线与其他回路的中性线连接或接地,或后方有相线与其他回路的同相相线连接,接通负载时会造成漏电保护器误动作	检查线路,重新接线
	漏电保护器附近有大功率电器,当其开合时产生电磁干扰,或附近装有磁性元件或较大的导磁体,在互感器铁芯中产生附加磁通量而导致误动作	清除干扰或更换地点
	当同一回路的各相不同步合闸时,先合闸的一相可能产生足够大的泄漏电流	做到同步合闸
	漏电保护器质量低劣,元件质量不高或装配质量不好,降低了漏电保护器的可靠性和稳定性,导致误动作	更换产品

六、熔断器的常见故障及排除方法

熔断器的常见故障及排除方法如表 2－6 所列。

表 2－6　熔断器常见故障及排除方法

故障现象	产生原因	排除方法
通电瞬间熔体熔断	熔体安装时受机械损伤	更换熔丝
	负载侧短路或接地	排除负载故障
	熔丝电流等级选择太小	更换熔丝
熔丝未断但电路不通	熔丝两端或两端导线接触不良	重新连接
	熔断器的端帽未拧紧	拧紧端帽

七、单相电度表的常见故障及排除方法

单相电度表的常见故障及排除方法如表 2－7 所列。

表 2－7　单相电度表常见故障及排除方法

故障现象	产生原因	排除方法
电度表不转或反转	电度表的电压线圈端子的小连接片未接通电源	打开电度表接线盒，查看电压线圈的小钩子是否与进线火线连接，未连接时要重新接好
	电度表安装倾斜	重新校正电度表的安装位置
	电度表的进出线相互接错引起倒转	电度表应按接线盒背面的线路图正确接线

训练 1　照明电路的安装与调试综合训练

一、训练目标

1. 提高团队合作意识，培养良好的职业道德和职业习惯。
2. 熟练掌握照明设备的安装与配线技能，并能排除常见照明设备的故障。
3. 能够按任务要求完成照明电路的安装与调试工作任务。
4. 在实施过程中时刻注意安全用电，不带电作业。

二、训练设备工具器材

机电综合实训网板台，单相电度表，漏电保护器，熔断器，灯座，插座，开关，日光灯，节能灯，白炽灯，端子排，数字万用表，电工工具一套，导线若干等。

三、训练内容

1. 按人数分组，确定每组的组长。

2. 任务描述：在机电综合实训台上设计并安装一个由单相电度表、漏电保护器、熔断器、日光灯、白炽灯、节能灯、若干开关和插座等元器件组成的简单照明电路，要求安装的照明电路

走线规范，布局美观、合理，安装的照明电路可以正常工作，并能排除常见的照明电路故障。

3．任务要求如下：

(1) 以小组为单位设计照明电路，并画出照明电路原理图和布局图。

(2) 照明电路的元器件可以自选，但不可少于任务描述中的元器件。开关和插座的数量可以自选，日光灯、白炽灯和节能灯的控制，既可以选择单开关控制，也可以选择一个开关控制两盏灯。

(3) 照明电路的布局可以自行设计，但是要求布局合理，结构紧凑，走线合理，做到横平竖直。连接导线要避免交叉、架空和叠线，变换走向要垂直，并做到高低一致或前后一致。

(4) 图 2－19 是参考照明电路原理图，图 2－20 是参考照明电路布局图。

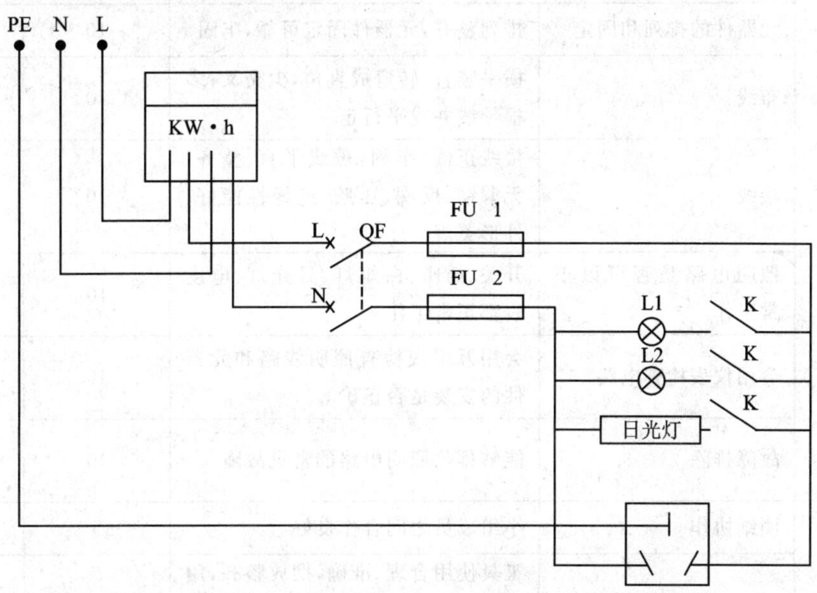

图 2－19　照明电路的原理图

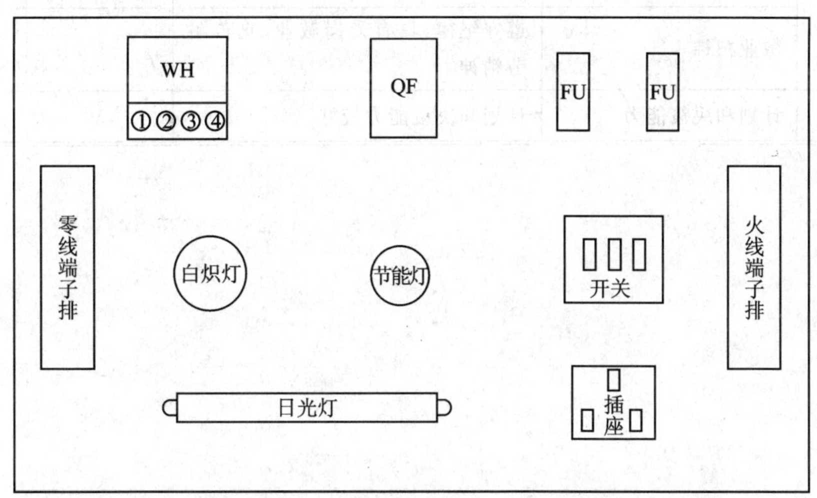

WH—电度表；QF—漏电保护器；FU—熔断器

图 2－20　照明电路的平面布置图

4. 以小组为单位，团队合作共同进行照明电路的安装与调试，在实施过程中要严格遵循安装要求，注意要边实施边检查，最后通电试验合格。小组成员之间要齐心协力，分工合作，对团结合作好的小组给予一定的加分。

技能考核单

评价类别	考核项目	考核标准	配分/分	得　分
专业能力	电路设计	电路原理图和布置图设计合理	10	
	布局和结构	布局合理，结构紧凑，控制方便，美观大方	10	
	元器件的排列和固定	排列整齐，元器件固定可靠，牢固	10	
	布线	横平竖直，转弯成直角，少交叉；多根导线并拢平行走	10	
	接线	接线正确、牢固，敷线平直、整齐，无漏铜、反圈、压胶，绝缘性能好，外形美观	10	
	照明电路是否可以正常工作	开关、插座、白炽灯、日光灯、电度表都正常工作	10	
	会用仪表检查电路	会用万用表检查照明线路和元器件的安装是否正确	10	
	故障排除	能够排除照明电路的常见故障	10	
社会能力	团结协作	小组成员之间合作良好	5	
	职业意识	工具使用合理、准确，摆放整齐，用后归放原位；节约使用原材料，不浪费	5	
	敬业精神	遵守纪律，具有爱岗敬业、吃苦耐劳精神	5	
方法能力	计划和决策能力	计划和决策能力较好	5	

技能训练三

三相异步电动机基本控制电路的安装与调试

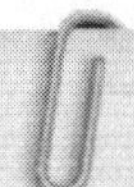

教学目标

知识目标

(1) 会常用低压电器的识别、选择及安装。

(2) 掌握常用低压电器的故障分析及排除方法。

(3) 掌握电气识图的基本知识。

(4) 掌握电动机电路配线的工艺要求、导线要求及接线要求。

(5) 会正确分析三相异步电动机基本控制电路。

能力目标

(1) 能够完成三相异步电动机典型控制电路的安装与调试工作任务。

(2) 能够检查并排除三相异步电动机电路的故障。

(3) 能够根据任务要求进行三相异步电动机控制电路的设计与安装。

素质目标

(1) 学生应树立职业意识,并按照企业的“6S”(整理、整顿、清扫、清洁、素养、安全)质量管理体系要求自己。

(2) 操作过程中,必须时刻注意安全用电,严禁带电作业,严格遵守电工安全操作规程。

(3) 爱护工具和仪器仪表,自觉做好维护和保养工作。

(4) 具有吃苦耐劳、爱岗敬业、团队合作、勇于创新的精神,具备良好的职业道德。

任务1 低压电器的识别、选择及检修

工作任务单

序号	任务名称	任务目标
1	低压电器的识别	能够正确识别常用的低压电器及符号
2	低压电器的选择	会选择所需的低压电器
3	低压电器的检修	会运用仪表检测低压电器并对故障进行维修

材料工具单

项目	名称	数量	型号	备注
所用工具	电工工具	每组一套		
所用仪表	数字万用表	每组一块	优德利 UT39A	
所用材料	低压断路器			
	熔断器			
	交流接触器			
	熔断器			
	万能转换开关			
	按钮			
	热继电器			
	中间继电器			
	时间继电器			

知识要点1 常用低压电器的识别、选择及安装

低压电器是指用于交流额定电压1 200 V及以下、直流额定电压1 500 V及以下的电路中起通断、保护、控制或调节作用的电器产品。低压电器是组成低压控制线路的基本器件，在工厂中常用继电器、接触器、按钮和开关等电器组成电动机的起动、停止、反转和制动控制线路。

一、低压断路器的识别、选择及安装

低压断路器即低压自动空气开关，又称自动空气断路器。低压断路器既能带负荷通断电路，又能在失压、短路和过负荷时自动跳闸，保护线路和电气设备，是低压配电网络和电力拖动

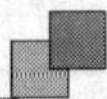

系统中常用的重要保护电器之一。低压断路器按结构形式可分为塑壳式(又称装置式)和框架式(又称万能式)两大类。框架式断路器主要用作配电网络的保护开关,而塑料外壳式断路器除用作配电网络的保护开关外,还用作电动机及照明线路的控制开关。

1. 低压断路器的识别

低压断路器如图 3-1 所示,其电路符号如图 3-2 所示。

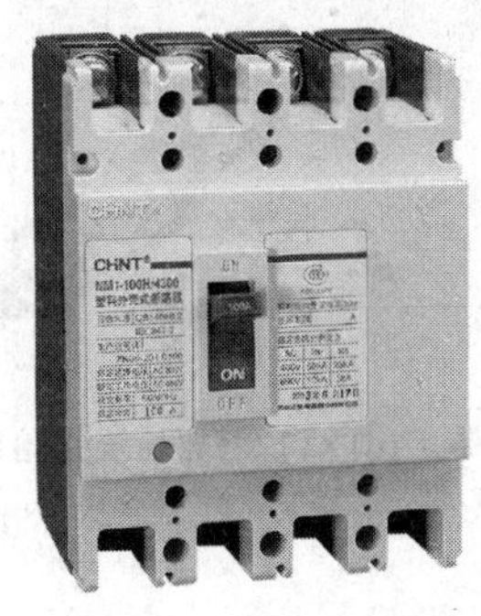

(a) 塑料外壳式断路器

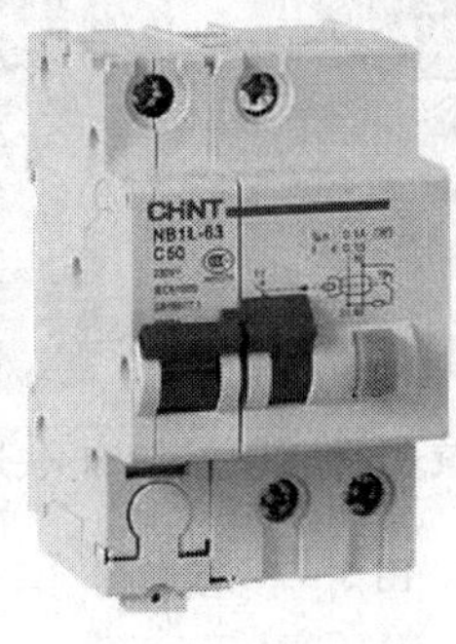

(b) 漏电保护断路器

(c) 三相断路器

图 3-1　低压断路器

识别过程:

(1) 识读断路器的型号和铭牌;

(2) 识别断路器的进线端子和出线端子;

(3) 检测断路器的通断情况。

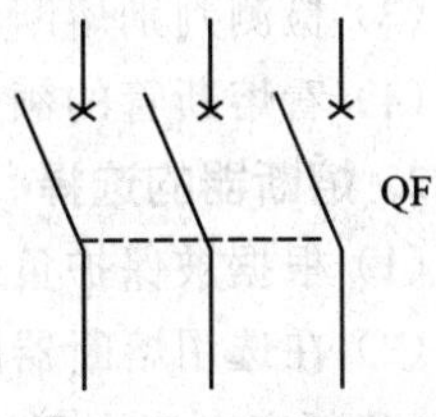

图 3-2　低压断路器的符号

2. 低压断路器的选择

(1) 在电气设备控制系统中,常选用塑料外壳式断路器(如图 3-1(a)所示)或漏电保护断路器(如图 3-1(b)所示);在电力网主干线路中主要选用框架式断路器;而在建筑物的配电系统中则一般采用漏电保护断路器。

(2) 断路器的额定电压和额定电流应不小于电路的额定电压和最大工作电流。

(3) 低压断路器用于电动机保护时,电磁脱扣器的瞬时脱扣器整定电流应为电动机启动电流的 1.7 倍。

(4) 选用低压断路器作多台电动机短路保护时,一般电磁脱扣器的整定电流为容量最大的一台电动机启动电流的 1.3 倍再加上其余电动机额定电流。

(5) 用于分断或接通电路时,其额定电流和热脱扣器的整定电流均应等于或大于电路中负荷额定电流的 2 倍。

3. 低压断路器的安装

低压断路器的底板应垂直于水平位置,固定后应保持平整,倾斜度不大于 5°;有接地螺钉的断路器应可靠连接地线;具有半导体脱扣装置的断路器,其接线端应符合相序要求,脱扣装置的端子应可靠连接。

二、熔断器的识别、选择及安装

熔断器是一种主要用作短路保护的电器。

1. 熔断器的识别

常见的熔断器如图 3-3 所示。

(a) RT14系列圆筒型帽熔断器　(b) RL1螺旋式熔断器　(c) RS14快速熔断器　(d) RT12型螺栓连接熔断器

图 3-3　熔断器

识别过程：

(1) 识读熔断器的型号；

(2) 找到接线端子；

(3) 检测判别熔断器的好坏；

(4) 看熔断管的额定电流。

2. 熔断器的选择

(1) 根据被保护负载的性质和短路电流的大小，选择具有相应分断能力的熔断器。

(2) 在选用熔断器的具体参数时，应使熔断器的额定电压大于或等于被保护电路的工作电压；其额定电流大于或等于所装熔体的额定电流。

(3) 熔体的额定电流是指长时间流过熔体而熔体不熔断的电流。额定电流值的大小与熔体线径粗细有关，熔体线径越粗，额定电流值越大。一般首先选择熔体的规格，再根据熔体的规格确定熔断器的规格。

(4) 根据安装场所选用适应的熔断器，在经常发生故障处可选用可拆式熔断器，如 RL、RM 系列；易燃易爆或有毒气的地方选用封闭式熔断器。

3. 熔断器的安装

(1) 安装熔断器时必须在断电情况下操作。

(2) 安装位置及相互间距应便于更换熔体。

(3) 应垂直安装，并应能防止熔体熔断飞溅在临近带电体上。

(4) 安装螺旋式熔断器时，为了更换熔断管时安全，下接线端应接电源，而连接螺口的接线端应接负荷。必须注意将电源线接到瓷底座下的接线端，以保证安全。

(5) 瓷插式熔断器安装熔丝时，熔丝应顺着螺钉旋紧方向绕过去，同时注意不要划伤熔丝，也不要把熔丝绷紧，以免减小熔丝截面尺寸或拉断熔丝。

(6) 有熔断指示的熔管，其指示器方向应装在便于观察侧。

(7) 二次回路用的管型熔断器，如其固定触点的弹簧片突出底座侧面时，熔断器间应加绝缘片，防止两相邻熔断器的熔体熔断时造成短路。

(8) 熔断器应安装在线路的各相线上。单相交流电路的中性线上应安装熔断器，在三相四线制的中性线上严禁安装熔断器。

三、交流接触器的识别、选择及安装

接触器是一种自动的电磁式开关，适用于远距离频繁地接通或断开交直流主电路及大容量控制电路。其主要控制对象是电动机，也可用于控制其他负载。它不仅能实现远距离自动操作和欠电压释放保护功能，而且具有控制容量大、工作可靠、操作频率高、使用寿命长等优点。接触器按主触点通过的电流种类，分为交流接触器和直流接触器两种。在电气控制线路中，主要采用的是交流接触器。

1. 交流接触器的识别

交流接触器如图 3－4 所示，其电路符号如图 3－5 所示。

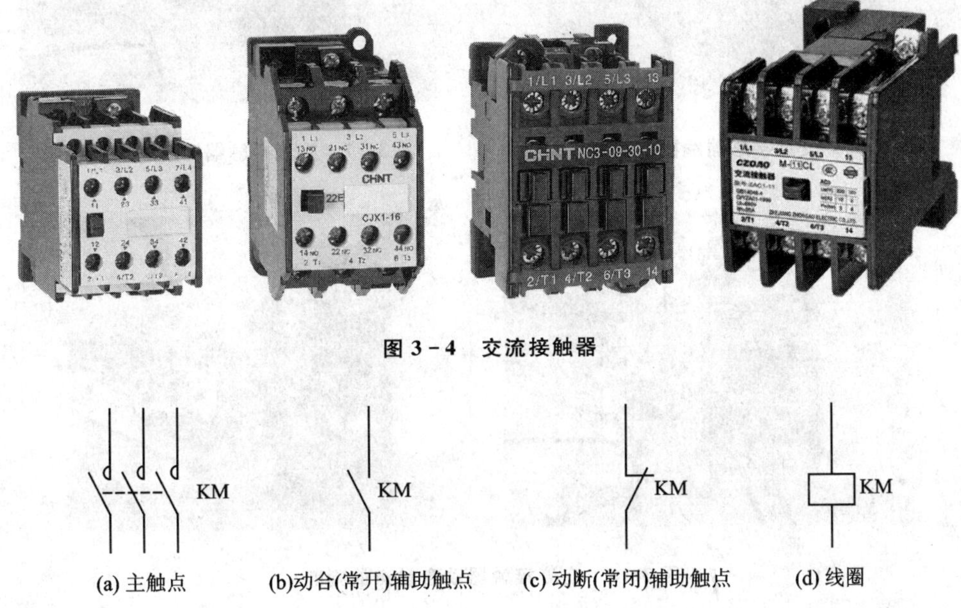

图 3－4　交流接触器

图 3－5　交流接触器的图形符号

识别过程：

(1) 识读接触器的型号；

(2) 读接触器线圈的额定电压；

(3) 找到线圈的接线端子；

(4) 找到 3 对主触点的接线端子；

(5) 找到动合辅助触点或动断辅助触点的接线端子；

(6) 压下和释放接触器，观察触点吸合和复位情况；

(7) 检测判别接触器触点和线圈的好坏。

2. 交流接触器线圈和触点对的判别方法

(1) 交流接触器线圈的判别方法：首先将指针式万用表拨至“R×100”挡，调零；或将数字万用表拨至 2k 挡。然后将两表笔接触线圈螺钉 A1、A2，测量电磁线圈电阻，若为零，说明短路；若为无穷大，说明开路；若测得电阻为几百欧左右，则正常（如图 3－6 所示）。

(2) 交流接触器触点对的判别方法：首先将指针式万用表拨至“R×100”挡，调零；或将数字万用表拨至电阻挡。然后将两表笔接触任意两触点的接线柱，若万用表的指示为零，则可能是动断触点，按下动断触点对后，万用表的指示值应为无穷大(如图 3-7 所示)；若万用表无指示值，则可能是动合触点，当按下机械按键，模拟接触器通电，万用表的指示值为零，可确认这对触点是动合触点对(如图 3-8 所示)。

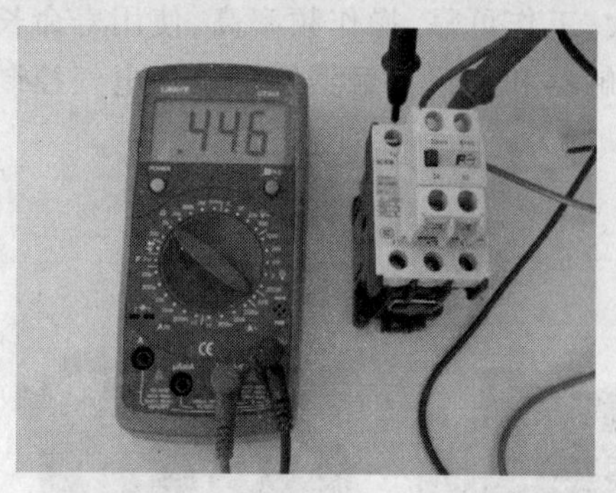

图 3-6　交流接触器线圈的判断

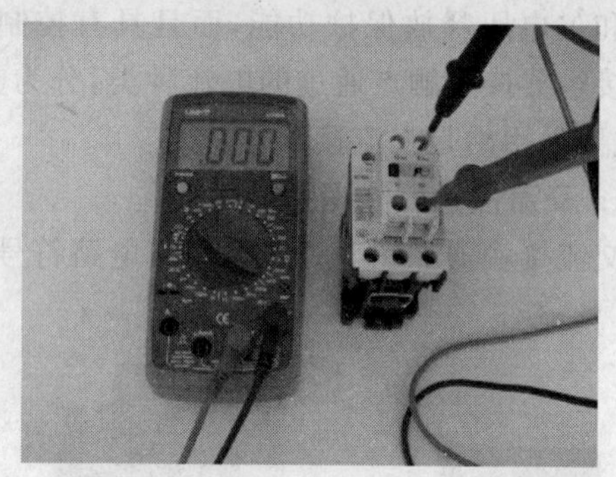

图 3-7　交流接触器动断触点的判断

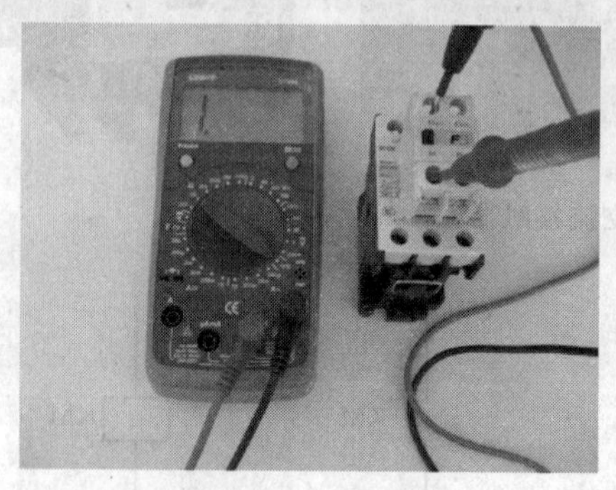

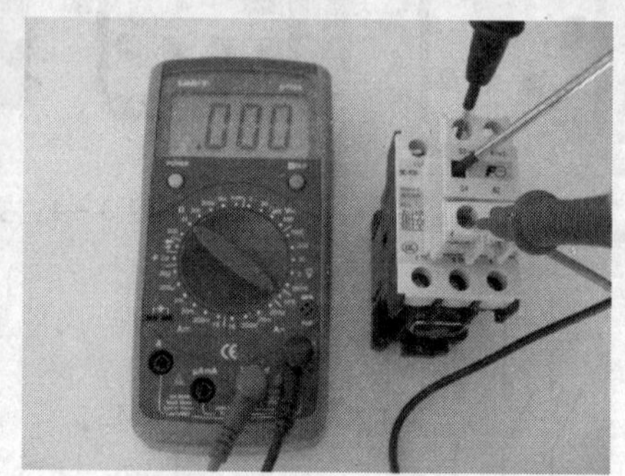

图 3-8　交流接触器动合触点的判断

3. 交流接触器的选择

(1) 交流接触器的触点数量应满足控制支路数的要求，触点类型应满足控制线路的功能要求。

(2) 交流接触器主触点额定电流应大于或等于负载回路额定电流；交流接触器主触点额定电压应大于或等于负载回路额定电压。

(3) 交流接触器的线圈应根据电磁线圈的额定电压选择。

4. 交流接触器的安装

(1) 交流接触器安装前，应先检查线圈的额定电压等技术数据是否与实际使用相符，判断线圈是否正常、各触点对是动合触点还是动断触点。

(2) 安装与接线时，应注意勿使螺钉、垫圈、接线头等零件失落，以免落入交流接触器内部造成卡住或短路现象，并将螺钉拧紧，以免振动松脱。

(3) 交流接触器应垂直安装，交流接触器底面与地面的倾斜度应不大于 5°，安装位置不得受到剧烈振动，安装必须固定可靠；连接电路的导线必须排列整齐、规范。

(4) 安装后必须检查接线是否正确，应在主触点不带电的情况下，先使吸引线圈通电分合

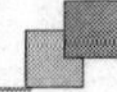

数次，检查主触点动作是否到位，铁芯吸合后有无噪声，然后才能投入使用。

四、万能转换开关的识别、选择及安装

万能转换开关是多挡位、控制多回路的组合开关，常用于交流 50 Hz、380 V 以下及直流 220 V 以下的电器线路中，主要用作控制线路的转换及电气测量仪表的转换，也可用于控制小容量异步电动机的起动、换向及调速。由于其触点挡数多，换接线路多，能控制多个回路，适应复杂线路的要求，故称为万能转换开关。

1. 万能转换开关的识别

万能转换开关如图 3－9 所示，其电路符号如图 3－10 所示。

(a) LW5D万能转换开关

(b) LW8万能转换开关

(c) HZ5B组合开关

图 3－9　组合开关

识别过程：

(1) 识读万能转换开关的型号和铭牌；

(2) 找到各转换挡位的接线端子；

(3) 检测判别万能转换开关的好坏。

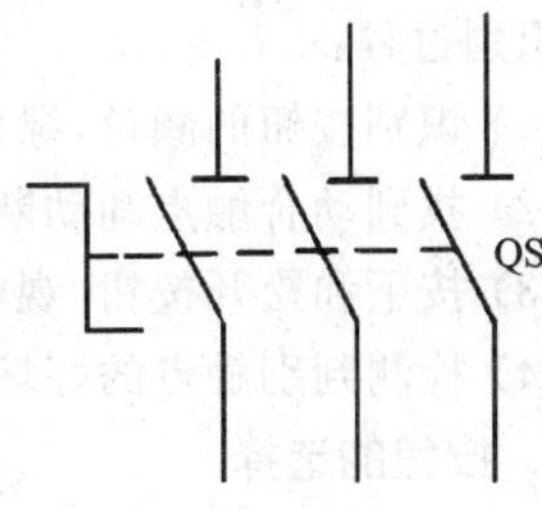

图 3－10　组合开关的符号

2. 万能转换开关的选择

(1) 转换开关应根据电源种类、电压等级、所需触点数及电动机的容量选用，开关的额定电流一般取电动机额定电流的 1.5～2 倍。

(2) 用于一般照明、电热电路，其额定电流应大于或等于被控电路的负荷电流总和。

(3) 用作设备电源引入开关时，其额定电流稍大于或等于被控电路的负荷电流总和。

(4) 用于直接控制电动机时，其额定电流一般可取电动机额定电流的 2～3 倍。

3. 万能转换开关的安装

(1) 安装万能转换开关时应使手柄保持平行于安装面。

(2) 万能转换开关需安装在控制箱内时，其操作手柄最好伸出在控制箱的前面或侧面，应使手柄在水平旋转位置时为断开状态。万能转换开关最好装在箱内右上方，而且在其上方不宜安装其他电器，否则应采取隔离或绝缘措施。

五、按钮的识别、选择及安装

按钮开关是一种通过手动操作接通或分断电流控制电路的控制开关。按钮的触点允许通

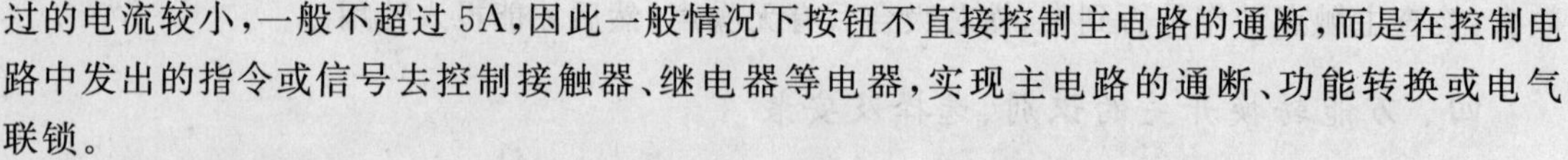

过的电流较小，一般不超过 5A，因此一般情况下按钮不直接控制主电路的通断，而是在控制电路中发出的指令或信号去控制接触器、继电器等电器，实现主电路的通断、功能转换或电气联锁。

1. 按钮的识别

按钮如图 3－11 所示，其电路符号如图 3－12 所示。

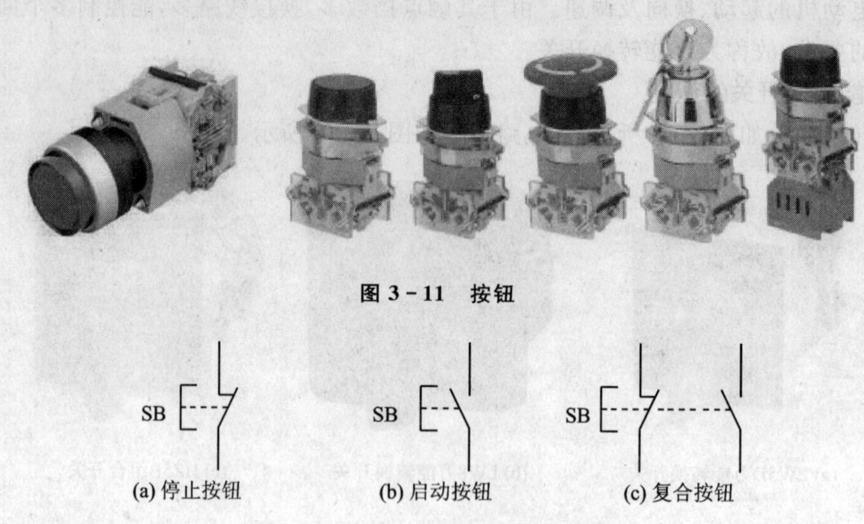

图 3－11　按钮

SB　SB　SB

(a) 停止按钮　(b) 启动按钮　(c) 复合按钮

图 3－12　按钮符号

识别过程：

(1) 识别按钮的颜色，绿色和黑色为启动按钮，红色为停止按钮；

(2) 找到动合触点和动断触点的接线端子；

(3) 按下和松开按钮，观察触点动作和复位情况；

(4) 检测判别触点的好坏，判别方法与交流接触器触点判别方法类似。

2. 按钮的选择

(1) 根据使用场合，选择按钮的种类，如开启式、保护式、防水式和防腐式等。

(2) 根据用途，选用合适的形式，如手把旋钮式、钥匙式、紧急式和带灯式等。

(3) 按控制回路的需要，确定不同按钮数，如单钮、双钮、三钮和多钮等。

(4) 按工作状态指示和工作情况要求，选择按钮的颜色(参照有关国家标准)。

3. 按钮的安装

(1) 按钮和指示灯安装在面板上时，应布置合理，排列整齐。可根据生产机械或机床启动、工作的先后顺序，从上到下或从左至右依次排列。电路有几种工作状态，如上、下，前、后，左、右，松、紧等，应使每一组正反状态的按钮安装在一起。

(2) 在面板上固定按钮和指示灯时，安装应牢固，停止按钮用红色，启动按钮用绿色或黑色。按钮较多时，应在显眼且便于操作处用红色蘑菇头设置总停按钮，以应对紧急情况。

六、热继电器的识别、选择及安装

热继电器是利用电流的热效应对电动机或其他用电设备进行过载保护的控制电器，热继电器主要用于电动机的过载保护、断相保护、电流不平衡运行的保护及其他电气设备发热状态

的控制。

1. 热继电器的识别

热继电器如图 3-13 所示，其电路符号如图 3-14 所示。

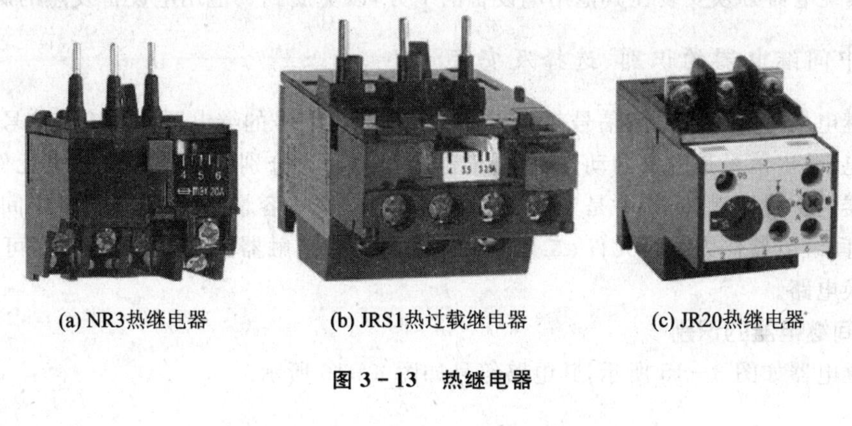

(a) NR3热继电器　　(b) JRS1热过载继电器　　(c) JR20热继电器

图 3-13　热继电器

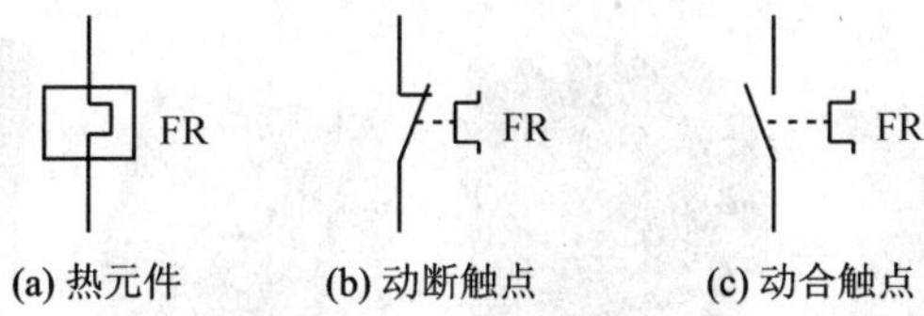

(a) 热元件　　(b) 动断触点　　(c) 动合触点

图 3-14　热继电器的符号

识别过程：

(1) 识读热继电器的铭牌；

(2) 找到整定电流调节旋钮和复位按钮；

(3) 找到热元件的接线端子；

(4) 找到动合触点和动断触点的接线端子；

(5) 检测判别触点的好坏，判别方法与交流接触器类似。

2. 热继电器的选择

(1) 类型选用：一般轻载启动、长期工作制的电动机或间断长期工作的电动机，可选用两相保护式热继电器。当电源电压均衡或工作条件较差时可选用三相保护式热继电器。对于定子绕组为三角形接线的电动机，可选用带断相保护装置的三相热继电器。

(2) 额定电流或发热元件的整定电流，均应大于电动机或用电设备的额定电流，热继电器中热元件的额定电流可按被保护电动机额定电流的 1～1.5 倍选择。当电动机启动时间不超过 5 s 时，发热元件的整定电流可以与电动机的额定电流相等。若在电动机频繁启动、正反转、启动时间较长或带有冲击性负载等情况下，发热元件的整定电流应超过电动机或其他用电设备额定电流的 10%～50%。

3. 热继电器的安装

(1) 安装前应核对热继电器各项技术数据是否满足被保护电路的要求，检查热继电器是否完好，各动作部分是否灵活，并清除触点表面的污物。

(2) 连接热继电器的导线线径粗细要适当。一般规定：额定电流为 10 A 的热继电器，宜选用 2.5 mm²的单股铜芯塑料导线；额定电流为 20 A 的热继电器，宜选用 4 mm²的单股铜芯塑料导线；额定电流为 60 A 的热继电器，宜选用 16 mm²的多股铜芯塑料导线；额定电流为 150 A 的热继电器，宜选用 35 mm²的多股铜芯塑料导线。导线与接线螺钉应牢固可靠。

(3) 热继电器必须安装在其他用电设备的下方，以免受到其他用电设备发热的影响。

七、中间继电器的识别、选择及安装

中间继电器是将一个输入信号变成一个或多个输出信号的继电器。其输入信号为线圈的通电和断电，输出信号是触头的动作，不同动作状态的触头分别将信号传给几个元件或回路。中间继电器的主要用途如下：一是当电压或电流继电器触头容量不够时，可借助中间继电器来控制，用中间继电器作为执行元件；二是当其他继电器或接触器触头数量不够时，可利用中间继电器切换电路。

1. 中间继电器的识别

中间继电器如图 3－15 所示，其电路符号如图 3－16 所示。

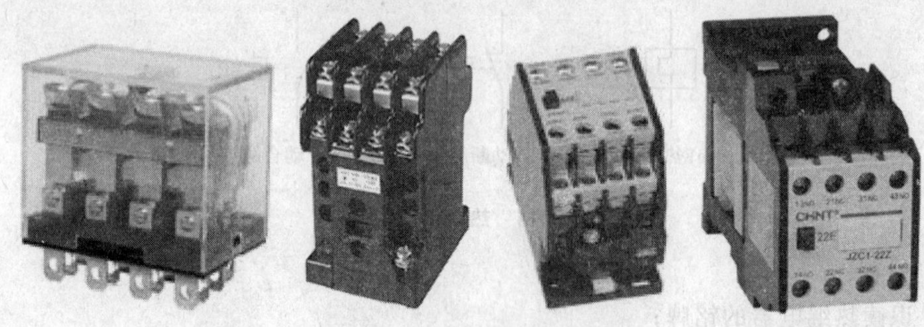

图 3－15　中间继电器

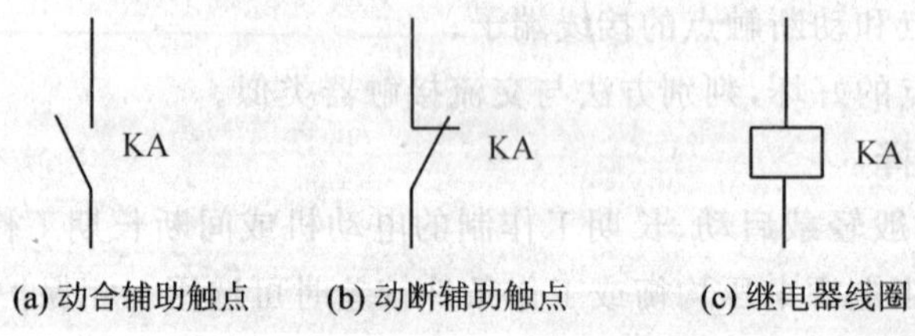

(a) 动合辅助触点　(b) 动断辅助触点　(c) 继电器线圈

图 3－16　中间继电器的符号

中间继电器的识别过程与交流接触器类似。

2. 中间继电器的选择

中间继电器应根据被控制电路的电压等级、所需触点的数量和种类以及容量等要求来选择。

3. 中间继电器的安装

中间继电器的安装方法和接触器相似，但由于中间继电器触点容量较小，一般接到控制电路中，不能接到主电路中。

八、时间继电器的识别、选择及安装

时间继电器是作为辅助元件用于各种保护及自动装置中，是被控元件达到所需要的延时动作的继电器，是一种利用电磁机构或机械动作原理，当线圈通电或断电后，触点延时闭合或断开的自动控制元件。

1. 时间继电器的识别

时间继电器如图 3－17 所示，其电路符号如图 3－18 所示。

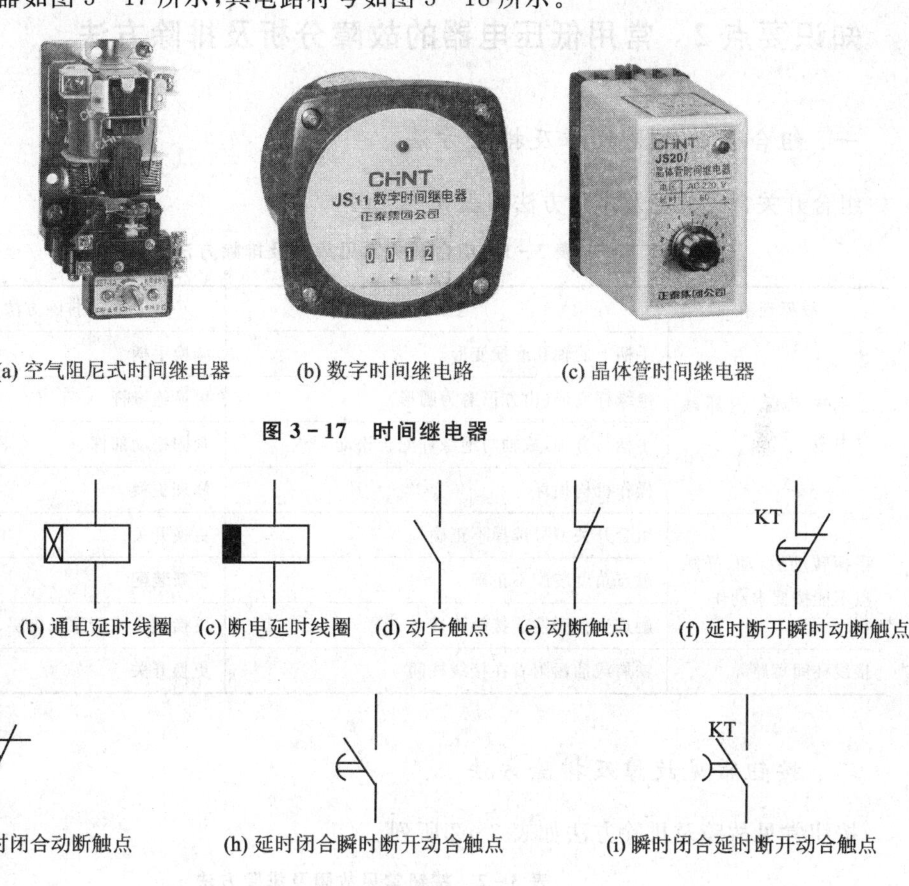

(a) 空气阻尼式时间继电器　(b) 数字时间继电路　(c) 晶体管时间继电器

图 3－17　时间继电器

(a) 线圈一般符号　(b) 通电延时线圈　(c) 断电延时线圈　(d) 动合触点　(e) 动断触点　(f) 延时断开瞬时动断触点

(g) 瞬时断开延时闭合动断触点　(h) 延时闭合瞬时断开动合触点　(i) 瞬时闭合延时断开动合触点

图 3－18　时间继电器的符号

识别过程：

（1）识读时间继电器的铭牌；

（2）读时间继电器的控制电压；

（3）读时间继电器的引脚号和引脚接线图；

（4）检测判别各触点的好坏；

（5）测量线圈的阻值，阻值与产品、控制电压的等级及类型有关。

2. 时间继电器的选择

时间继电器主要根据控制回路中的延时方式、瞬时动作触点的数量及吸引线圈的电压等级来选用。空气阻尼式时间继电器的延时及触点方式有 4 种，即通电延时闭合的动合触点、通电延时断开的动断触点、断电延时断开的动断触点和断电延时闭合的动合触点。

3. 时间继电器的调整

(1) 断开主回路电源,接通控制回路电源。

(2) 用螺丝刀调节螺钉,按所需延时的时间,使指针指向与这一时间大致相符的刻度上。

(3) 按下延时控制回路按钮,同时记下延时起始时间。延时结束后,立即记下结束时间,核对实际延时时间与所需延时时间是否相符,如不符,则继续向左或向右旋转调整螺钉,重复这一调节过程,直至实际延时时间与所需延时时间相符。

知识要点2　常用低压电器的故障分析及排除方法

一、组合开关常见故障及排除方法

组合开关常见故障及排除方法如表3-1所列。

表3-1　组合开关常见故障及排除方法

故障现象	产生原因	排除方法
手柄转动后,内部触点未动	手柄上的轴孔磨损变形	调换手柄
	绝缘杆变形(由方形磨为圆形)	更换绝缘杆
	手柄与方轴,或轴与绝缘杆配合松动	紧固松动部件
	操作机构损坏	修理更换
手柄转动后,动、静触点不能按要求动作	组合开关型号选择不正确	更换开关
	触点角度装配不正确	重新装配
	触点失去弹性或接触不良	更换触点或清除氧化层、尘污
接线柱间短路	铁屑或油污附着在接线柱间	更换开关

二、按钮常见故障及排除方法

按钮常见故障及排除方法如表3-2所列。

表3-2　按钮常见故障及排除方法

故障现象	产生原因	排除方法
触点接触不良	触点烧损	修整触点或更换产品
	触点表面有尘垢	清洁触点表面
	触点弹簧失效	重绕弹簧或更换产品
触点间短路	杂物或油污在触点间形成通路	清洁按钮内部

三、熔断器常见故障及排除方法

熔断器常见故障及排除方法如表3-3所列。

表 3-3　熔断器常见故障及排除方法

故障现象	产生原因	排除方法
电路接通瞬间熔体熔断	熔体电流等级选择过小	更换熔体
	负载侧短路或接地	排除负载故障
	熔体安装时受到机械损伤	更换熔体
熔体未见熔断，但电路不通	熔体接线座接触不良	重新连接

四、断路器常见故障及排除方法

断路器常见故障及排除方法如表 3-4 所列。

表 3-4　断路器常见故障及排除方法

故障现象	产生原因	排除方法
手动操作断路器不能合闸	欠电压脱扣器无电压或线圈损坏	检查线路后加上电压或更换线圈
	储能弹簧变形，闭合力减小	更换储能弹簧
	释放弹簧的反作用力太大	调整弹力或更换弹簧
	机构不能复位再扣	调整脱扣面至规定值
断路器在启动电动机时自动分闸	电磁式过流脱扣器瞬动整定电流太小	调整瞬动整定电流
	空气式脱扣器的阀门失灵或橡皮膜破裂	更换
有一相触点不能闭合	该相连杆损坏	更换连杆
	限流开关拆开机构可拆连杆之间的角度变大	调整至规定要求
断路器工作一段时间后自动分闸	过电流脱扣器延时整定值不符合要求	重新调整
	热元件或半导体元件损坏	更换元件
	外部磁场干扰	进行隔离
欠压脱扣器有噪声或振动	铁芯工作面有污垢	清除污垢
	短路环断裂	更换衔铁或铁芯
	反力弹簧的反作用力太大	调整或更换弹簧
断路器温升过高	触点接触压力太小	调整或更换触点弹簧
	触点表面磨损严重，接触不良	修整触点表面或更换触点
	导电零件间连接螺丝松动	拧紧螺钉
辅助开关不能接通	动触杆卡死或脱落	调整或重装动触杆
	传动杆断裂或滚轮脱落	更换损坏的零件

五、交流接触器常见故障及排除方法

交流接触器常见故障及排除方法如表 3-5 所列。

表 3-5　交流接触器常见故障及排除方法

故障现象	产生原因	排除方法
接触器不吸合或吸不牢	电源电压过低或波动过大	调高电源电压
	线圈断路	调换线圈
	通入的电压与线圈所需的电压不符	用万用表测通入的线圈电压，检查与线圈所要求的电压是否一致，不一致要调整电压
	机械机构生锈或歪斜	打开接触器擦磨清除生锈部位，并上润滑油，接触器歪斜时还要调整或更换配件
线圈断电，接触器不释放或释放缓慢	触点熔焊	排除熔焊故障，修理或更换触点
	极面油污过多，自身粘吸	打开接触器，把磁铁的所有极面全部用布擦干净。清除油污，即可清除故障
	触点弹簧压力过小或反作用弹簧损坏、疲劳	调整触点弹簧力或更换反作用弹簧
	衔铁或机械部分被卡住	打开接触器，清除障碍物，重新装配
触点熔焊	操作频率过高或过负载使用	调换合适的接触器或减小负载
	负载侧短路	排除短路故障更换触点
	触点弹簧压力过小	适当调整触点弹簧压力
	触点上有氧化膜或太脏，接触器电阻太大	先用细砂纸打平触点，然后用棉布擦掉尘污，把触点磨光滑
	触点超行程太大	调整运动系统或更换合适的触点
铁芯噪声过大	电源电压过低	检查线路并调高电源电压
	交流接触器短路环断裂或脱落	检查短路环是否断裂，如断裂需重焊或更换短路环
	铁芯机械卡阻	排除卡阻物
	铁芯极面生锈或有污垢	用布清除污垢，用细砂纸擦生锈面，然后用布擦干净后上一点润滑油，再用布擦一下即可装配使用
	铁芯极面磨损严重或不平整	拆开内部修整极面，使其平整
	触点弹簧反作用力过大	适当调整触点弹簧压力
线圈过热或烧毁	线圈匝间短路	更换线圈并找出故障原因
	操作频率过高	调换合适的接触器
	线圈额定电压与实际输入的电压不符合或需直流而通入交流，需交流而通入直流	调换线圈或接触器
	弹簧的反作用力过大	适当调整弹簧的反作用力
	线圈通电后衔铁吸不紧，有一定间隙或衔铁错位	打开接触器，检查衔铁吸不紧的原因，清除杂物，校正错位，重新装配

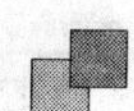

续表 3-5

故障现象	产生原因	排除方法
触点过热或灼伤	触点弹簧压力过小	调高触点弹簧压力
	触点上有油污，或表面高低不平，有金属颗粒突起	清理触点表面
	环境温度过高或使用在密闭的控制箱中	接触器降容使用
	铜触点用于长期工作时	接触器降容使用
	操作频率过高，或工作电流过大，触点的断开容量不够	调换容量较大的接触器
	触点的超程太小	调整触点超程或更换触点
相间短路	可逆转换的接触器联锁不可靠，由于误动作，致使两台接触器同时投入运行而造成相间短路，或因接触器动作过快，运转时间短，在转换过程中发生电弧短路	检查电气联锁与机械联锁，在控制线路上加中间环节或调换动作时间长的接触器，延长可逆转转换时间
	尘埃堆积或粘有水汽、油垢，使绝缘变坏	经常清理，保持清洁
	产品零部件损坏	更换损坏零部件

六、热继电器常见故障及排除方法

热继电器常见故障及排除方法如表 3-6 所列。

表 3-6　热继电器常见故障与排除方法

故障现象	产生原因	排除方法
热继电器误动作或动作太快	整定电流偏小	调大整定电流
	操作频率过高	调换热继电器或限定操作频率
	连接导线太细	选用标准导线
热继电器不动作	整定电流偏大	调小整定电流
	热元件烧断或脱焊	更换热元件或热继电器
	导板脱出	重新放置导板，并试验动作是否灵活
热元件烧断	负载侧短路或电流过大	排除故障，调换热继电器
	反复短时工作，操作频率过高	限定操作频率或调换合适的热继电器
主电路不通	热元件烧毁	更换热元件或热继电器
	接线螺钉未压紧	旋紧接线螺钉
控制电路不通	热继电器动断触点接触不良或弹性消失	检修动断触点
	手动复位的热继电器动作后，未手动复位	手动复位

七、时间继电器常见故障及排除方法

时间继电器常见故障及排除方法如表 3-7 所列。

表 3-7　时间继电器常见故障及排除方法

故障现象	产生原因	排除方法
延时触点不动作	电磁铁线圈断线	更换线圈
	电源电压低于线圈额定电压值过多	更换线圈或调高电源电压
	电动式时间继电器的同步电动机线圈断线	调换同步电动机
	电动式时间继电器的棘爪无弹性，不能刹住棘齿	调换棘爪
	电动式时间继电器游丝断裂	调换游丝
延时时间缩短	空气阻尼式时间继电器的气室装配不严，漏气	修理或调换气室
	空气阻尼式时间继电器的气室内橡皮薄膜损坏	调换橡皮薄膜
延时时间变长	空气阻尼式时间继电器的气室内有灰尘，使气道阻塞	清除气室内的灰尘，使气道畅通
	电动式时间继电器的传动机构缺润滑油	加入适量的润滑油

训练 1　常用低压电器的调试与检修

一、训练目标

1. 提高专业意识，培养良好的职业道德和职业习惯。
2. 熟练掌握常用低压电器的结构、工作原理及故障排除方法。
3. 会选用、使用、识别及维修常用的低压电器。
4. 会万能转换开关、按钮、交流接触器的识别与检修。

二、训练设备工具器材

机电综合实训台，按钮，万能转换开关，交流接触器，电工工具一套等。

三、训练内容

1. 按人数分组，确定每组的组长。

2. 以小组为单位，分别进行万能转换开关、按钮及交流接触器的识别与检修。首先按照万能转换开关、按钮、交流接触器的识别过程进行识别，并判断交流接触器线圈的好坏，找出主触点和辅助触点；然后对有问题的低压电器进行检修，最好是对有问题电路中的低压电器进行检修，并能排除常见低压电器的故障。要求：小组每位成员都要参与，由小组给出识别与检修结果，并提交检修报告。小组成员之间要齐心协力，共同计划和实施，对团结合作好的小组给予一定的加分。

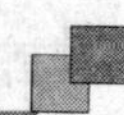

技能考核单

评价类别	考核项目	考核标准	配分/分	得　分
专业能力	万能转换开关的识别与检修	正确识别万能转换开关各挡位对应的接线端子,并能检测和维修常见故障	25	
	按钮的识别与检修	正确识别按钮动合和动断触点,会根据功能选用按钮,并能检测和排除常见故障	25	
	交流接触器的识别与检修	正确识别交流接触器的主触点、辅助触点和线圈,并能检测和排除常见故障	30	
社会能力	团结协作	小组成员之间合作良好	5	
	职业意识	工具使用合理、准确,摆放整齐,用后归放原位;节约使用原材料,不浪费	5	
	敬业精神	遵守纪律,具有爱岗敬业、吃苦耐劳精神	5	
方法能力	计划和决策能力	计划和决策能力较好	5	

任务2　三相异步电动机基本控制电路的安装与调试

工作任务单

序　号	任务名称	任务目标
1	电动机控制系统的电气识图	会识读电动机控制电路的原理图和安装接线图
2	电动机电路的配线工艺	熟练掌握配线工艺
3	电动机典型控制电路的分析	会分析电动机典型控制电路的工作过程
4	三相异步电动机的设计、安装与调试	根据任务要求，进行电动机电路的设计、安装与调试

材料工具单

项　目	名　称	数　量	型　号	备　注
所用工具	电工工具	每组一套		
所用仪表	数字万用表	每组一块		
所用材料	低压断路器			
	熔断器			
	交流接触器			
	按钮			
	热继电器			
	中间继电器			
	时间继电器			
	三相异步电动机			
	端子排			
	单股铜芯导线		1 mm^2 或 1.5 mm^2	黄色、绿色、红色、黑色
	多股铜芯导线		1 mm^2 或 1.5 mm^2	黑色
所用设备	机电综合实训网板台			

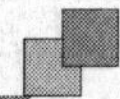

知识要点1　电气识图的基本知识

一、电动机控制系统电气图的分类

电气设备控制系统是把各种电气设备和电气元件按一定要求连接在一起的一个整体。根据电气控制电路的功能和作用不同，电路的形式也各不相同。由各种电气元件和线路构成，对电动机和生产机械运行进行控制，表示其工作原理、电气接线、安装方法等的图样称为电气控制图。主要表示其工作原理的电气控制图称为控制电路图；主要表示电气接线关系的电气控制图称为电气接线图。

电动机控制系统电气图常见的种类有控制电路图、安装接线图、展开接线图、平面布置图和剖面图。其中最常用的是控制电路图、安装接线图和平面布置图。

1. 控制电路图

控制电路图简称电路图，能充分表达电气设备和电器元件的用途、作用和工作原理，是电气线路安装、调试和维修的理论依据。

2. 安装接线图

安装接线图是根据电气设备和电气元件的实际位置和安装情况绘制的，只用来表示电气设备和电器元件的位置、配线方式和接线方式，而不明显表示电气动作原理。安装接线图主要用于安装接线、线路的检查维修和故障处理。

3. 平面布置图

平面布置图是根据电器元件在控制板上的实际安装位置，采用简化的外形符号(如正方形、矩形、圆形等)而绘制的一种简图，它不表达各电器的具体结构、作用、接线情况以及工作原理，主要用于电器元件的布置和安装。图中各电器的文字符号必须与控制电路图和电气安装图的标注一致。

二、电动机控制系统电气图识读的方法

1. 结合电工基础理论看图

无论变配电所、电力拖动，还是照明供电和各种控制电路的设计，都离不开电工基础理论。因此，要想搞清电路的电气原理，必须具备电工基础知识。例如，异步电动机的旋转方向是由电动机的三相电源的相序决定的，所以通常用两个交流接触器进行切换，改变三相电源的相序，从而达到控制电动机正转或反转的目的。

2. 看图样说明

图样说明包括图样目录、技术说明、元件明细表和施工说明书等。识图时，首先看图样说明、搞清设计内容和施工要求，这有助于了解图样的大体情况，抓住识图重点。

3. 结合电器的结构和工作原理看图

电路中有各种电器元件，例如各种继电器、接触器和控制开关等。在看电路图时，首先应该搞清这些电器元件的性能、相互控制关系以及在整个电路中的地位和作用，才能搞清工作原理，否则无法看懂电路图。

4. 结合典型电路看图

所谓典型电路，就是常见的基本电路，如电动机的启动和正反转控制电路、继电保护电路、互锁电路、时间和行程控制电路等。一张复杂的电路图，细分起来不外乎是由若干典型电路所组成。熟悉各种典型电路，对于看懂复杂的电路图有很大帮助，能很快分清主次环节，抓住主要矛盾，而且不易搞错。

5. 读图的顺序

看电动机控制系统电路图时，先要分清主电路和控制电路，按照先看主电路，再看控制电路的顺序识读。看主电路时，通常从下往上看，即从用电设备开始，经控制元件、保护元件顺次看往电源。看控制电路时，则自上而下，从左向右看，即先看电源，再顺次看各条回路，分析各条回路元器件的工作情况及其对主电路的控制关系。通过看主电路，要弄清楚用电设备是怎样取得电源的，电源是经过哪些元件到达负载的，这些元件的作用是什么；看控制电路时，要弄清电路的构成，各元件间的联系(如顺序、互锁等)及控制关系和在什么条件下电路构成通路或断路，以理解控制电路对主电路是如何控制动作的，进而弄清楚整个系统的工作原理。

三、电动机控制电路图的识读

电动机的控制是生产中最主要的电气控制方式之一。电动机直接启动控制电路是其中应用最广泛，也是最基本的线路，该线路能实现对电动机启动控制、停止控制、远距离控制、频繁操作等，并具有短路、过载、失压等保护。现以电动机直接启动控制电路为例(如图 3－19 所示)，学习电气原理图主电路及控制(辅助)电路的识读方法。

1. 电动机直接启动控制电路主电路的识读

(1) 看用电器。用电器是指消耗电能的用电器具或电气设备，如电动机、电热器件等。看图首先要看清楚有几个用电器，它们的类别、用途、接线方式及一些不同要求等。例如最常见的电机，要先搞清电机属于哪类，采用了什么接线方式，电机有何特殊要求，如启动方式、正反转及转速的要求等。

本电路的用电器有一台三相交流异步电动机 M，采用交流直接启动方式。

(2) 要看清楚主电路中的用电器是采用什么控制元件进行控制，是用几个控制元件控制。实际电路中对用电器的控制方式有多种，有的用电器只用开关控制，有的用电器用启动器控制，有的用电器用接触器或其他继电器控制，有的用电器用程序控制器控制，而有的用电器直接用功率放大集成电路控制。正由于用电器种类繁多，因此对用电器的控制方式就有很多种，这就要求分析清楚主电路中的用电器与控制元件的对应关系。

在本电路中控制电动机的电气元器件是交流接触器 KM。

(3) 看清楚主电路中除用电器以外的其他元件，以及这些元件所起的作用，如电源开关、熔断器、热继电器等。主电路中元件和用电器一般情况下都比控制电路少，看主电路时，可以顺着电源引入端往下逐次观察。

在本电路中还接有电源开关 QS、熔断器 FU。QS 控制主电路电源的接通和断开，FU 起短路保护作用。

(4) 看电源，要了解电源的种类和电压等级，是直流电源还是交流电源。直流电源的等级有 660 V、220 V、110 V、24 V、12 V 等；交流电源的等级有 380 V、220 V、110 V、36 V、24 V 等，频率为 50 Hz。

本电路的电源是 380 V 三相交流电。

2. 电动机直接启动控制电路的控制电路的识读

电动机直接启动控制电路的控制电路如图 3－19 所示。

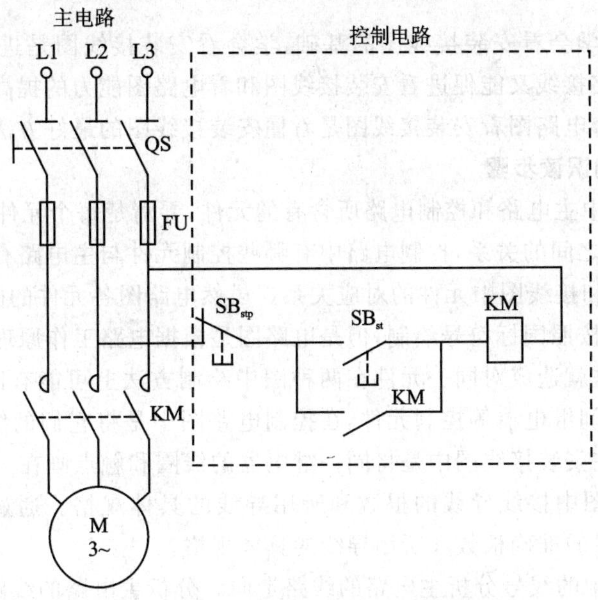

图 3－19　电动机直接启动控制电路

(1) 看控制电路的电源。分清控制电路的电源种类和电压等级。控制电路电源也有直流和交流两类。控制电路所用交流电源电压一般为 380 V 或 220 V，频率为 50 Hz。控制电路电源若引自三相电源的两根相线，电压为 380 V；若引自三相电源的一根相线和一根中性线，则电压为 220 V。控制电路电源常用直流电源等级有 110 V、24 V、12 V 三种。

本控制电路电源直接采用 380 V 交流电。

(2) 按布局顺序从左到右弄清控制电路各条支路如何控制主电路，分析每一条支路的工作原理。弄清控制电路中每个控制元件的作用，各控制元件对主电路用电器的控制关系。控制电路是一个大回路，而在大回路中经常包含着若干个小回路，在每个小回路中有一个或多个控制元件。一般情况下，主电路中用电器越多，则控制电路的小回路和控制元件也就越多。

本电路的控制线路为接触器 KM 所在的支路。

(3) 寻找电器元件之间的相互联系。电路中的一切电器元件都是相互联系、相互制约的，有的元件之间是控制与被控制的关系，有的是相互制约关系，有的是联动关系。在控制电路中控制元件之间的关系也是如此。无相互控制的电器元件，识图时可省略。弄清控制电路中各控制元件的动作情况和对主电路中用电器控制作用是看懂电路图的关键。

(4) 看其他电器元件。如整流、照明等。

3. 电动机直接启动控制电路工作过程分析

(1) 电动机启动过程：合上电源开关 QS(电源接通)，按下启动按钮 SB$_{st}$，接触器 KM 线圈带电，主触点 KM 吸合，电动机得电启动。

(2) 电动机停止过程：按下停止按钮 SB$_{stp}$，接触器 KM 线圈失电，主触点 KM 断开，电动机失电停转。

(3) 自锁过程:因 KM 的自锁触点并联于 SB_{st} 两端，当松开启动按钮时，线圈 KM 通过其自锁触点继续维持通电吸合。

四、电动机安装接线图的识读

学会看电路图是学会看安装接线图的基础，学会看安装接线图是进行实际接线的基础。反过来，通过具体电路接线又能促进看安装接线图和看电路图能力的提高。看安装接线图，首先要清楚电路图，结合电路图看安装接线图是看懂安装接线图的最好方法。

1. 安装接线图的识读步骤

(1) 分析电路图中主电路和控制电路所含有的元件，弄清楚每个元件的动作原理，特别是控制电路中控制元件之间的关系，控制电路中有哪些控制元件与主电路有关系。

(2) 搞清电路图和接线图中元件的对应关系。虽然电路图各元件的图形符号与电路接线图中元件图形符号都按照国标符号绘制，但是电路图是根据电路工作原理绘制，而接线图是按电路实际接线绘制，这就造成对同一元件在两种图中绘制方法上可能有区别。例如，接触器、继电器、热继电器、时间继电器等控制元件，在控制电路图中是将它们的线圈和触点画在不同位置(不同支路中)，在安装接线图中是将同一继电器的线圈和触点画在一起的。

(3) 弄清楚接线图中接线导线的根数和所用导线的具体规格。通过对接线图的细致观察，可以得出所需导线的准确根数和所用导线的具体规格。

(4) 根据接线图中的线号分析主电路的线路走向。分析主电路的线路走向是从电源引入线开始，依次找出接主电路用电器所经过的元件。

(5) 根据线号分析控制电路的线路走向。在实际电路接线过程中，主电路和控制电路是分先后顺序接线的，这样做的目的是避免主、辅电路混杂。分析控制电路的线路走向是从控制电路电源引入端开始，依次分析每条分支的线路走向。

2. 具有过载保护的接触器自锁正转电动机控制电路接线图的识读

具有过载保护的接触器自锁正转电动机控制电路的电路原理图如图 3-20 所示，接线图如图 3-21 所示，平面布置图如图 3-22 所示。识读过程如表 3-8 所列。

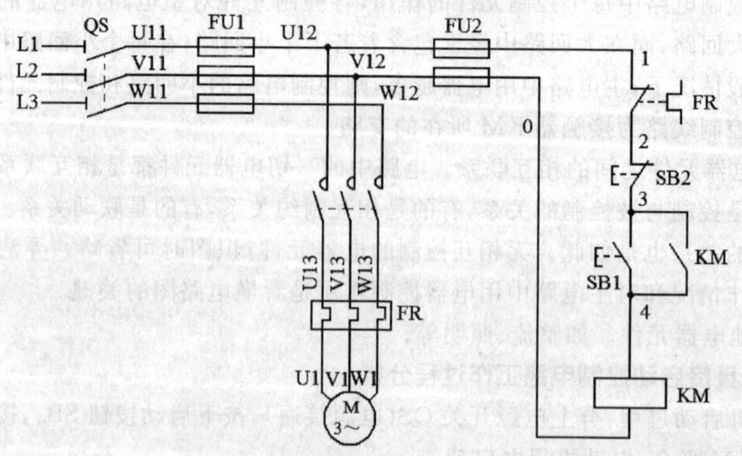

图 3-20　具有过载保护的接触器自锁正转电动机控制电路原理图

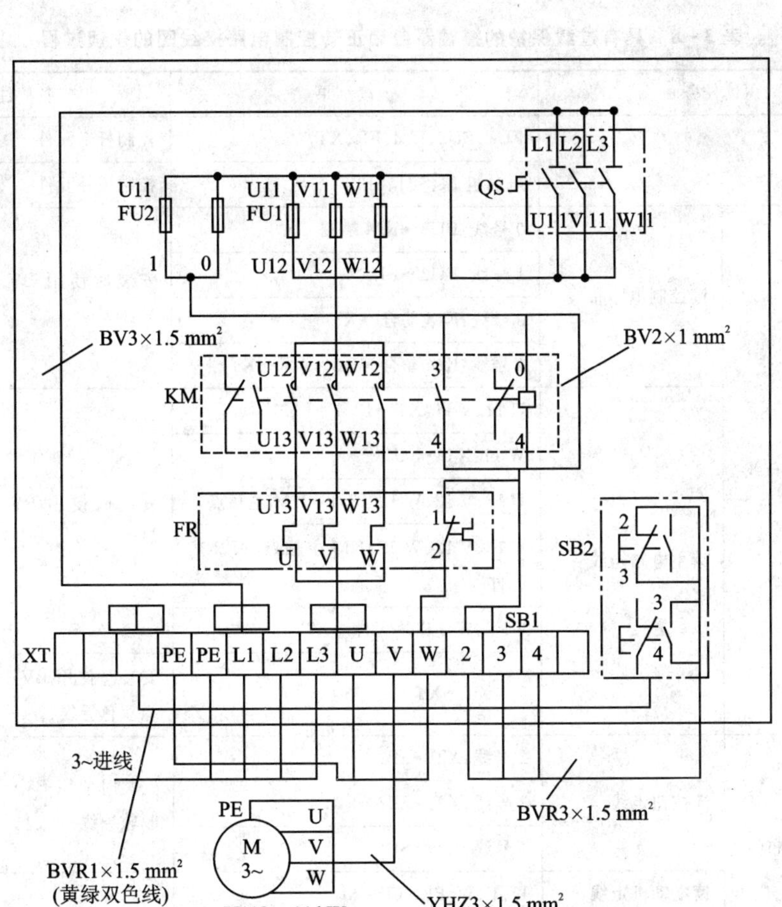

图 3-21　具有过载保护的接触器自锁正转电动机控制电路接线图

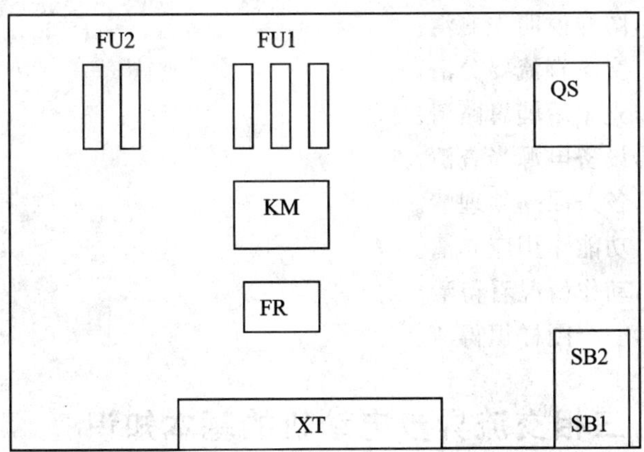

图3-22　具有过载保护的接触器自锁正转电动机控制电路平面布置图

表 3-8　具有过载保护的接触器自锁正转控制电路接线图的识读过程

<table>
<tr><th colspan="2">识读任务</th><th>识读结果</th><th>备　注</th></tr>
<tr><td colspan="2" rowspan="2">读元件位置</td><td>FU1、FU2、KM、FR、XT</td><td>控制板上元件</td></tr>
<tr><td>电动机 M、SB1、SB2</td><td>控制板外元件</td></tr>
<tr><td rowspan="10">读板上元件布线</td><td rowspan="4">读控制电路布线</td><td>0 号线：FU2→KM 线圈</td><td rowspan="4">安装时使用 BV－1.0 mm² 导线</td></tr>
<tr><td>1 号线：FU2→FR</td></tr>
<tr><td>3 号线：KM 动合→XT</td></tr>
<tr><td>4 号线：KM 动合→KM 线圈→XT</td></tr>
<tr><td rowspan="6">读主电路走线</td><td>U 11、V 11：XT→FU1→FU2</td><td rowspan="5">安装时使用 BV－1.5 mm² 导线</td></tr>
<tr><td>W 11：XT→FU1</td></tr>
<tr><td>U 12、V 12、W 12：FU1→KM 主触点</td></tr>
<tr><td>U 12、V 12、W 12：KM 主触点→FR 热元件</td></tr>
<tr><td>U、V、W：FR 热元件→XT</td></tr>
<tr><td>PE：XT→XT</td><td>安装时使用 BV－1.5 mm² 黄绿双色导线</td></tr>
<tr><td rowspan="5">读外围元件布线</td><td rowspan="3">读按钮走线</td><td>2 号线：XT→SB2</td><td rowspan="3">安装时使用 BV－1.0 mm² 多股软导线</td></tr>
<tr><td>3 号线：XT→SB2→SB1</td></tr>
<tr><td>4 号线：XT→SB1</td></tr>
<tr><td>读电动机走线</td><td>U、V、W、PE：XT→M</td><td rowspan="2"></td></tr>
<tr><td>读电源走线</td><td>U 11、V 11、W 11、PE：电源→XT</td></tr>
</table>

五、电动机控制系统电气图识图口诀

识图注意抓重点，图样说明先搞清。
主辅电路有区别，交流直流要分清。
读图次序应遵循，先主后辅思路清。
细细解读主电路，设备电源当查清。
控制电路较复杂，各条回路须理清。
各个元件有联系，功能作用应弄清。
控制关系讲条件，动作情况看得清。
综合分析与归纳，一个图样识得清。

知识要点 2　三相交流异步电动机的基本知识

一、认识三相交流异步电动机

异步电动机的容量从几十瓦到几千千瓦，在各行各业中应用极为广泛。例如，在工业方

面:中小型轧钢设备、各种金属切削机床、轻工机械、矿山机械、通风机、压缩机等,在农业方面:水泵、脱粒机、粉碎机及其他农副产品加工机械等都是用异步电动来拖动的。在日常生活方面:电扇、洗衣机、电冰箱等电器中也都用到异步电动机(如图 3－23 所示)。

图 3－23　三相交流异步电动机

二、三相交流异步电动机的结构

三相交流异步电动机按转子结构的不同分为笼型异步电动机和绕线转子异步电动机两大类。笼型异步电动机是应用最广泛的一种电动机。绕线转子异步电动机一般只用在要求调速和起动性能好的场合,如桥式起重机上。异步电动机由两个基本部分组成:定子(固定部分)和转子(旋转部分)。笼型异步电动机的结构如图 3－24 所示。

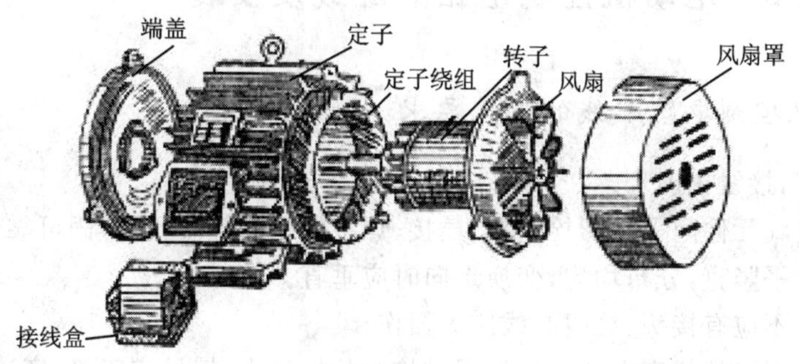

图 3－24　笼型异步电动机的结构

三、三相交流异步电动机的铭牌

电动机铭牌的作用是向使用者简要说明电动机的一些额定数据和使用方法,图 3－25 是某电动机的铭牌。

三相异步电动机		
型号 Y132 M - 4	功率 7.5 kW	频率 50 Hz
电压 380 V	电流 15.4 A	接法△
转速 1440 r/min	绝缘等级 B	工作方式　连续
年　月	编号	××电机厂

图 3－25　三相异步电动机的铭牌

四、三相交流异步电动机的接线

电动机始端标以 A、B、C,末端标以 X、Y、Z。三相定子绕组可以接成如图 3-26 所示的星形或三角形,但必须视电源电压和绕组额定电压的情况而定。一般电源电压为 380V(指线电压),如果电动机定子各相绕组的额定电压是 220 V,则定子绕组必须接成星形,如图 3-26(a)所示;如果电动机各相绕组的额定电压为 380 V,则应将定子绕组接成三角形,如图 3-26(b)所示。

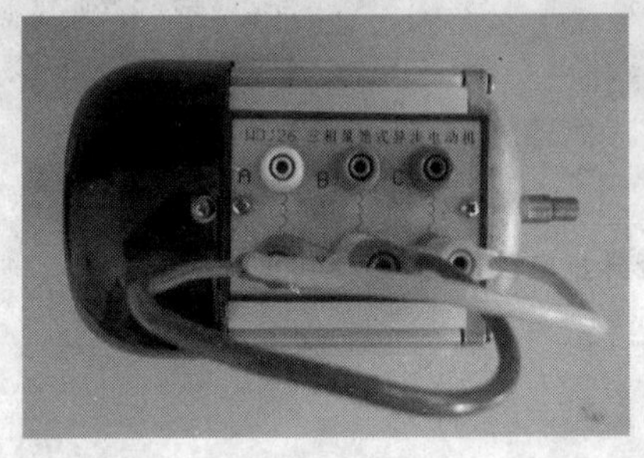

(a) 星形联结

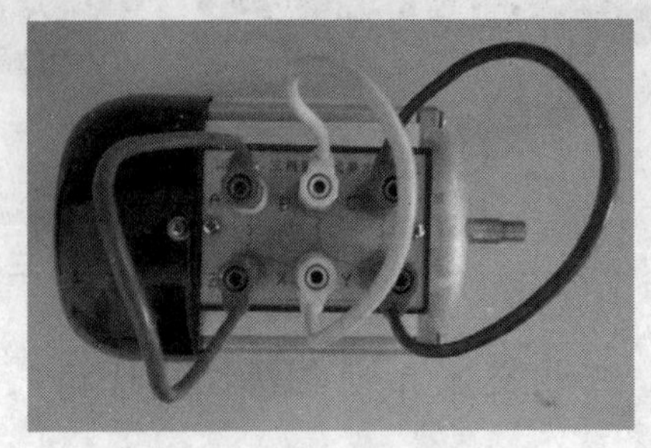

(b) 三角形联结

图 3-26 三相绕组的联结

知识要点 3 电动机控制电路的配线及安装

一、电动机控制电路配线的工艺要求

1. 按图施工,接线正确。

2. 导线与电气元件间采用螺栓连接、插接、焊接或压接等,均应牢固可靠。

3. 布线应横平竖直,分布均匀,变换走向时应垂直。

4. 柜内导线不应有接头,导线芯线应无损伤。

5. 所有二次回路的仪表电器元件端子排均应放标号头,编号应正确,字迹清晰且不脱色。

6. 每个接线端子的每侧接线为 1 根,不得超过 2 根。对于插接式端子,不同截面积的两根导线不得接在同一端子上;对于螺栓连接端子,当接两根导线时,中间应加平整片。

7. 仪表门上的导线(活动部分)与柜内的连线必须用多股铜芯软线,并且用线夹固定。

8. 配线应整齐、清晰、美观,导线绝缘应良好,无损伤。线束在行线时横平竖直,配制坚固,层次分明,整齐美观。

9. 绝缘导线不应贴近具有不同单位的裸露带电部件或贴近带有尖角的边缘敷设,不应在喷弧区或发热区的上方或附近敷设。

10. 所有从一个接线端子(或接线桩)到另一个接线端子(或接线桩)的导线必须连续,中间无接头。同一元器件、同一回路、不同接点的导线间距离应保持一致。

11. 同一合同单号,二次接线相同,元器件布置相同,使用同一二次施工图所配制的二次线,走向和颜色要一致。

12. 接线通道尽可能少,同时并行导线按主回路和控制回路分类集中,单层密排,紧密

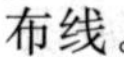

布线。

13. 同一平面的导线应高低一致或前后一致，不能交叉。非交叉不可时，该根导线应在接线端子引出时，就水平架空跨越，但必须走线合理。

14. 二次回路接地应设专用螺栓。

二、电动机控制电路配线的导线要求

1. 配电柜中的测量、控制、保护回路应采用额定绝缘电压不低于 500 V 的铜芯绝缘导线。当设备、仪表和端子上装有专用于连接铝芯的接头时，可采用铝芯绝缘导线。

2. 电流回路的铜芯绝缘导线截面积不应小于 2.5 mm^2，电压回路不应小于 1.5 mm^2；配电柜控制回路的绝缘导线截面积不应小于 1.0 mm^2。顾客有特殊要求的，按顾客要求，但不能低于以上标准。

3. 导线颜色规定：计量回路用黄色线（U 相）、绿色线（V 相）、红色线（W 相）、蓝色线（N 线）；控制回路全部采用黑色线。

4. 柜门上的导线（活动部分）与柜内连接线必须用多股铜软线，并用线夹固定，导线固定处应用缠绕管缠绕，导线应留有开门的余量；与电器连接时，端部应绞紧，并应加终端附件或搪锡，不得松散、断股。

5. 计量导线的长度，剪线时应留出 200～300 mm，导线中间不许有断线接头，若导线长度不够时，必须抽出更换。

三、电动机控制电路配线的接线要求

1. 根据导线的走向，将导线捆扎成圆线束。圆线束内导线走向的原则是：线束不松动，无交叉，无麻花；外层先出，里层后出；线束固定后，后侧先出，前面后出。

2. 圆线束的捆扎：把下好的导线拉直，一端固定，一端用钳子夹住，用力向后拉，使导线成直线。根据圆线束内导线走向原则依次排列。用尼龙扎带固定，线束上尼龙扎带的固定间距应为等间距，其间距不得超过 150 mm。

3. 圆线束的敷设要求如下：

(1) 主线束必须用过线夹或吸盘固定，线束固定点间距为：水平走向不得大于 300 mm，垂直走向不得大于 400 mm，不能晃动。

(2) 线束通过金属板孔时，必须有保护导线绝缘不受损的措施（如采用套橡胶圈、套保险管或缠绕塑料带）。

(3) 绝缘导线及线束不应贴近裸露带电部件或带有尖角的边缘敷设，不应在喷弧区或发热区的上方或附近敷设。

(4) 线束在弯曲时，其弯曲半径不得小于 10 mm，并用尼龙扎带距弯曲线束内侧 50 mm 处固定线束。

(5) 活动线束多于 18 根导线时，可采用分束捆扎，要固定牢固，在最大最小极限范围活动时，不允许出现线束松动、拉伸和破坏绝缘等现象。

(6) 主线束固定后，需要分线时，分线应从主线的背面出线。不能从背面出线时，可在最外侧出线，但不允许从主线束中间出线。

(7) 在分线时，在分线束打弯处用尼龙扎带扎紧，扎带距打弯线束内侧 50 mm。

(8) 在分线束出线时应靠近接线元件的一侧出线，当不能在元件近的一侧出线时，应从另一侧出线，但不允许从正面跨越线束出现。

4. 行线槽的敷设要求如下：

(1) 按接线图及材料表要求的规格准备好行线槽。

(2) 根据安装接线图及实际情况确定行线槽的走向，做到横平竖直。

(3) 行线槽连接方式有 3 种：45°角接、T 型连接、45°对接。将行线槽按照走向量好的尺寸，用手锯锯断，断面应整齐、规整。

(4) 用 M5 螺钉把行线槽固定在安装梁或安装板上，固定孔距应均等，但不能大于 400 mm，端头固定孔距不小于 30 mm。

(5) 把下好料的塑料线整理成线束，放入行线槽内。

(6) 按元件位置分别从行线槽的出线孔将出线引出，当出线线束较多时，将线槽出线孔扩大后将线引出，扩大的断面应平整。

(7) 配线结束后，将行线槽槽盖扣上，并保证接头对严。

5. 校线及套线号

(1) 根据线束内导线走线原则，用万用表的蜂鸣器挡或校验灯校线，可校出 1 根导线，按图样的线号在导线两侧分别套线号，不能套错。

(2) 线号上的号码应朝向一致，易读。

6. 导线的连接及固定要求如下：

(1) 当所有导线从线束中分列元件至接线端子处，留 25～50 mm 的余量。

(2) 对 BV 导线，用剥线钳把导线的塑料绝缘皮剥掉。

(3) 将裸露铜芯线弯成圆环，圆环内径应大于固定螺钉 1 mm，线头圆环绕制方向应同螺母旋转方向一致。

(4) 剖削多股塑料软线后，将多股铜芯线拧成一股，套上护套，把铜线插入冷压接端头，用专用压接钳压紧，以用手拉导线不松动为准。

(5) 二次导线与母线相接时，须在母线处钻直径 6 mm 孔，用 M5 螺钉、垫片、弹垫、螺母紧固。

(6) 接线端子的接线余度、走向半径必须一致、平整，用于固定连接导线的螺钉必须旋紧，并要求有防松装置。

(7) 一套屏、柜的走向方式应当一致。

(8) 配好线后用缠绕管把线束套好，以加强绝缘。

7. 接线的注意事项：

(1) 当主线束用行线槽时，按行线槽工艺进行加工。

(2) 在分线后，用校验灯或万用表测试每根导线，确认后两端分别套入线号。

(3) 在剖削时，注意不能将铜芯线划伤；接线时严禁损伤线芯和导线绝缘层。

(4) 二次回路全部使用黑色塑料线，接地线采用黄绿双色或多股软铜线，而且接线端保证接触良好，接触电阻小于 0.01 Ω。

(5) 安装时，行线遇有灭弧装置时应避让出电弧喷出的距离，以免烧毁塑料绝缘层。

四、电动机控制电路的安装步骤

1. 分析电路图,明确电路的控制要求、工作原理、操作方法、结构特点及所用电器元件的规格,选择元器件的类型和检查元器件的质量。

2. 按电气原理图及负载电动机功率的大小配齐电器元件及导线,画出电动机控制电路的平面布置图。

3. 检查电器元件的外观、电磁机构及触点情况,看元器件外壳有无裂纹,接线桩有无生锈,零部件是否齐全。检查元器件动作是否灵活,线圈电压与电源电压是否相符,线圈有无断路、短路等现象。

4. 首先确定交流接触器的位置,然后再逐步确定其他电器的位置并安装元器件(组合开关、熔断器、接触器、热继电器、时间继电器和按钮等)。元器件布置要整齐、合理,做到安装时便于布线,便于故障检修。其中,组合开关、熔断器的受电端子应安装在控制板的外侧,紧固用力均匀,紧固程度适当,防止电器元件的外壳被压裂损坏。

5. 根据电气原理图画出三相异步电动机控制电路的安装接线图。按安装接线图确定走线方向并进行布线,根据接线柱的不同形状加工线头,要求布线平直、整齐、紧贴敷设面,走线合理,接点不得松动,尽量避免交叉,中间不能有接头。

6. 按电气原理图或安装接线图从电源端开始,根据配线线号,用万用表的蜂鸣器挡逐一核对接线,看有无漏接、错接,检查导线压接是否牢固,接触良好。

7. 检查主回路有无短路现象(断开控制回路),检查控制回路有无开路或短路现象(断开主回路),检查控制回路自锁、连锁装置的动作及可靠性。检查电路的绝缘电阻不应小于1 MΩ。

8. 合上电源开关,空载试车(不接电动机),用验电器检查熔断器出线端。操作启动和停止按钮,检查接触器动作情况是否正常,是否符合电路功能要求,检查电器元件动作是否灵活,有无卡阻或噪声过大现象,有无异味,检查负载接线端子三相电源是否正常。经反复几次操作空载运转,各项指标均正常后方可进行带负载试车。

9. 合上电源开关,负载试车(连接电动机),检查电路是否正常工作。按下启动按钮,检查接触器动作情况是否正常,电动机是否转动;等到电动机平稳运行时,用钳形电流表测量三相电流是否平衡;按停止按钮,检查接触器动作情况是否正常,电动机是否停止。

知识要点4　电动机典型控制电路的分析

一、具有过载保护的电动机直接启动控制电路的分析

1. 电路特点

电动机直接启动控制电路能实现对电动机启动控制、停止控制、远距离控制、频繁操作等,通过交流接触器 KM 的动合辅助触点并联于 SB1 两端实现自锁,并具有短路、过载、失压等保护。

2. 工作过程分析

具有过载保护的电动机直接启动控制电路如图 3－27 所示。

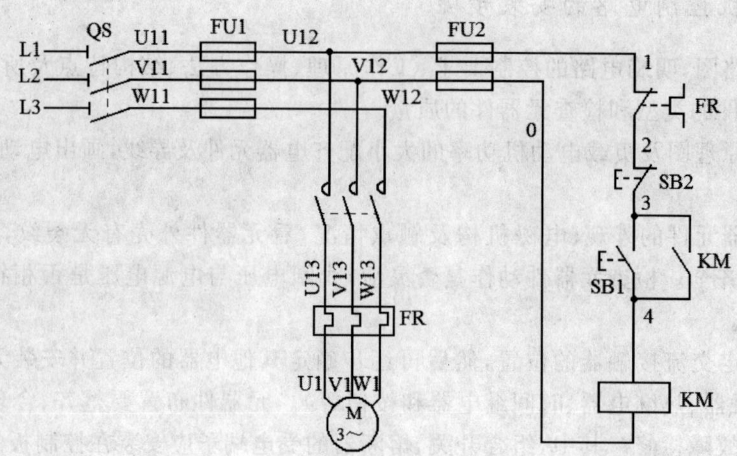

图 3-27 具有过载保护的电动机直接启动控制电路

(1) 电动机启动过程:合上电源开关 QS(电源接通),按下启动按钮 SB1,接触器 KM 线圈带电,主触点 KM 吸合,电动机得电启动。

(2) 电动机停止过程:按下 SB2 停止按钮,接触器 KM 线圈失电,主触点 KM 断开,电动机失电停转。

(3) 自锁过程:因 KM 的自锁触点并联于 SB1 两端,当松开启动按钮时,线圈 KM 通过其自锁触点继续维持通电吸合。

(4) 过载保护:热继电器 FR 的动断触点串联在控制电路中起到过载保护作用。

二、三相异步电动机接触器互锁正反转控制电路的分析

许多生产机械要求运动部件能向正、反两个方向运动。如机床工作台的前进与后退,万能铣床主轴的正转与反转,起重机的上升与下降等,这些生产机械均要求电动机能实现正反转控制。当改变通入电动机定子绕组的三相电源相序,即把接入电动机三相电源进线中的任意两相对调接线时,电动机就可以反转。

1. 电路特点

三相异步电机接触器互锁的正反转控制电路除具有电动机过载保护直接启动控制电路的全部功能特点外,还使用了两个接触器,其中 KM1 是正转接触器,KM2 为反转接触器。

2. 工作过程分析

三相异步电动机接触器互锁的正反转控制电路如图 3-28 所示。

(1) 正转控制:按下 SB2,KM1 线圈得电,KM1 主触点闭合(同时 KM1 自锁触点闭合;KM1 互锁触点断开,对 KM2 互锁),电动机 M 启动连续正转。

(2) 反转控制:先按下 SB1,KM1 线圈失电,KM1 主触点断开(同时 KM1 自锁触点断开接触自锁;KM1 互锁触点闭合,解除对 KM2 互锁),电动机 M 失电停转。再按下 SB3,KM2 线圈得电,KM2 主触点闭合(同时 KM2 自锁触点闭合;KM2 互锁触点断开,对 KM1 互锁),电动机 M 启动连续反转。

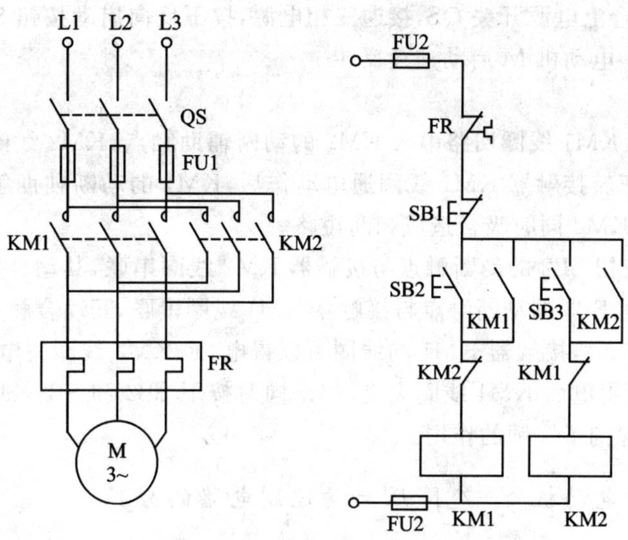

图 3-28　三相异步电动机接触器互锁的正反转控制电路

三、三相异步电动机双重互锁的正反转控制电路的分析

1. 电路特点

电动机正转(或反转)启动运转后,不必先按停止按钮使电动机停止,可以直接按反转(或正转)启动按钮,使电动机变为反方向运行。

2. 工作过程分析

三相异步电动机双重互锁正反转控制电路如图 3-29 所示。

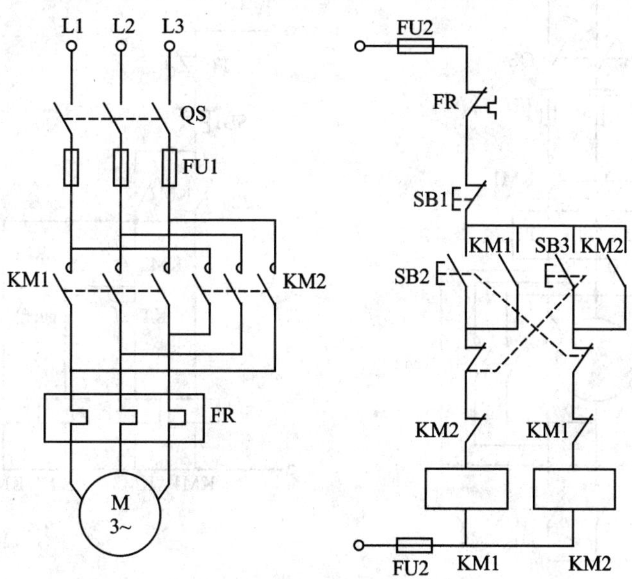

图 3-29　三相异步电动机双重互锁的正反转控制电路

(1) 正转控制:合上电源开关 QS,接通三相电源,按下正向启动按钮 SB2,KM1 线圈得电并自锁,主触点闭合,电动机 M 启动连续正转。

(2) 反转控制：合上电源开关 QS，接通三相电源，按下反向启动按钮 SB3，KM2 线圈得电并自锁，主触点闭合，电动机 M 启动连续反转。

(3) 双重互锁：

① 接触器互锁：KM1 线圈回路串入 KM2 的动断辅助触点，KM2 线圈回路串入 KM1 的动断辅助触点。当正转接触器 KM1 线圈通电动作后，KM1 的动断辅助触点断开了 KM2 线圈回路，防止 KM1、KM2 同时吸合造成相间短路。

② 按钮互锁：按钮 SB2 的动断触点与接触器 KM2 线圈串联，其动合触点与接触器 KM1 线圈回路串联。按钮 SB3 的动断触点与接触器 KM1 线圈串联，其动合触点与 KM2 线圈回路串联。这样按下 SB2 时，接触器 KM1 的线圈可以得电，而 KM2 线圈失电；按下 SB3 时，接触器 KM2 的线圈可以得电而 KM1 线圈失电；如果同时按下 SB2 和 SB3，则两只接触器线圈都不能得电。这样就起到了互锁的作用。

四、三相异步电动机 Y－△降压启动控制电路的分析

星形(Y)－三角形(△)降压启动是指电动机启动时，把定子绕组连接成 Y 形，以降低启动电压，限制启动电流。待电动机启动后，再把定子绕组改成△形，使电动机全压运行。

1. 电路特点

该线路由三个接触器、一个热继电器、一个时间继电器和两个按钮组成。时间继电器 KT 用作控制 Y 形降压启动时间和完成 Y－△自动切换。

2. 工作过程分析

电动机 Y－△降压启动控制电路如图 3－30 所示。

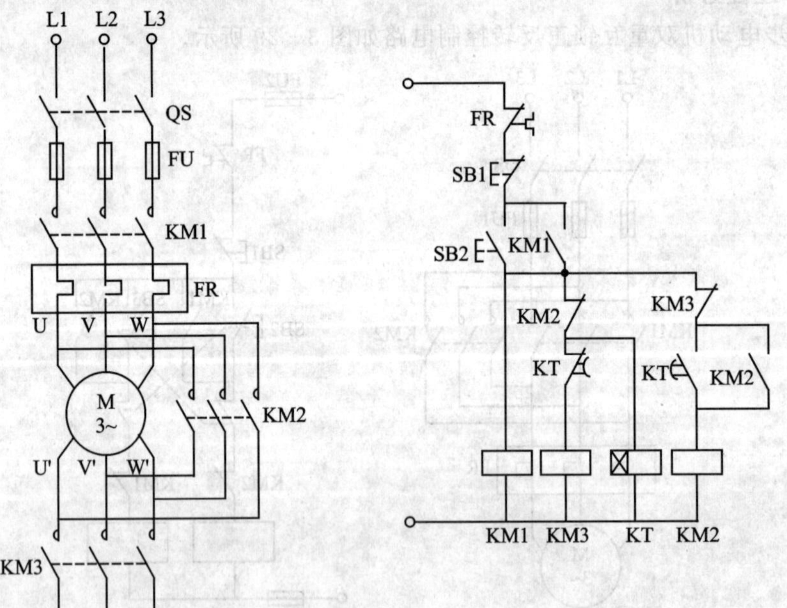

图 3－30　电动机 Y－△降压启动控制电路

(1) 启动过程：先合上电源开关 QS。按下启动按钮 SB2，KM1 线圈得电，KM1 主触点闭合(KM1 自锁触点闭合自锁)，KM3 线圈得电，KM3 主触点闭合(同时 KM3 联锁触点断开，对

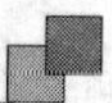

KM2 联锁)，电动机 M 连接成 Y 形降压启动；按下 SB2 后，KT 线圈也得电(通过时间整定，当电动机 M 转速上升到一定值时，KT 延时结束)，KT 动断触点断开，KM3 线圈失电，KM3 主触点断开，解除 Y 形连接；KM3 联锁触点闭合，KM2 线圈得电，KM2 主触点闭合，电动机 M 连接成△形全压运行；KM2 线圈得电的同时，KM2 联锁触点断开，对 KM3 联锁，同时 KT 线圈失电，KT 动断触点瞬时闭合。

(2) 停止过程：按下 SB1 即可。

训练 1　三相异步电动机典型控制电路的安装与调试技能训练

一、训练目标

1. 提高专业意识，培养良好的职业道德和职业习惯。

2. 识读三相异步电动机典型控制电路的电路原理图和安装接线图，并能说出电动机典型控制电路的工作过程。

3. 能够根据电路图正确安装与调试典型的电动机控制电路。

4. 安装过程中要严格遵循装配工艺和配线工艺，配线应整齐、清晰、美观，布局合理。

5. 安装好的电路机械和电气操作试验合格，并能用万用表检查和排除电路的常见故障。

二、训练设备工具器材

机电综合实训台，三相异步电动机，交流接触器，热继电器，时间继电器，熔断器，按钮，指示灯，电工工具一套，导线若干等。

三、训练内容

1. 按人数分组，确定每组的组长。

2. 以小组为单位，在机电综合实训网板台上，根据具有过载保护的电动机直接启动控制电路的电路原理图和安装接线图，设计出平面布置图。然后按照电动机控制电路的安装与调试步骤进行具有过载保护的电动机直接启动控制电路的安装与调试。要求：在安装过程中，严格遵循安装工艺和配线工艺，配线应整齐、清晰、美观，布局合理；安装好的电路机械和电气操作试验合格，并能检查和排除电路常见故障。小组每位成员都要积极参与计划和方案的制订，小组成员之间要齐心协力，共同设计平面布置图，共同制订实施方案，使方案更趋于合理，对团结合作好的小组给予一定的加分。

3. 以小组为单位，在机电综合实训台上，根据三相异步电动机接触器互锁正反转控制电路的原理图设计安装接线图和平面布置图；然后按照电动机控制电路的安装与调试步骤进行电路的安装与调试。要求：在安装过程中严格遵循安装工艺和配线工艺，配线应整齐、清晰、美观，布局合理；安装好的电路机械和电气操作试验合格，并能检查和排除电路常见故障。小组每位成员都要积极参与计划和方案的制订，小组成员之间要齐心协力，共同设计安装接线图和平面布置图，共同制订实施方案，使方案更趋于合理，对团结合作好的小组给予一定的加分。

4. 以小组为单位，在机电综合实训台上，根据三相异步电动机双重互锁正反转控制电路的原理图设计安装接线图和平面布置图；然后按照电动机控制电路的安装与调试步骤进行电路的安装与调试。要求:在安装过程中严格遵循安装工艺和配线工艺,配线应整齐、清晰、美观,布局合理;安装好的电路机械和电气操作试验合格,并能检查和排除电路常见故障。小组每位成员都要积极参与计划和方案的制订,小组成员之间要齐心协力,共同设计安装接线图和平面布置图,共同制订实施方案,使方案更趋于合理,对团结合作好的小组给予一定的加分。

5. 以小组为单位,在机电综合实训台上,根据三相异步电动机Y-△降压启动控制电路的原理图设计安装接线图和平面布置图;然后按照电动机控制电路的安装与调试步骤进行电路的安装与调试。要求:在安装过程中严格遵循安装工艺和配线工艺,配线应整齐、清晰、美观,布局合理;安装好的电路机械和电气操作试验合格,并能检查和排除电路常见故障。小组每位成员都要积极参与计划和方案的制订,小组成员之间要齐心协力,共同设计安装接线图和平面布置图,共同制订实施方案,使方案更趋于合理,对团结合作好的小组给予一定的加分。

技能考核单

评价类别	考核项目	考核标准	配分/分	得分
专业能力	电路设计	安装接线图和平面布置图设计合理	10	
	布局和结构	布局合理,结构紧凑,控制方便,美观大方	5	
	元器件的选择	元器件的型号、规格、数量符合图样要求	5	
	导线的选择	导线的型号、颜色、横截面积符合要求	5	
	元器件的排列和固定	排列整齐,紧固各元器件时要用力均匀,紧固程度适当,元器件固定可靠,牢固	5	
	配线	配线整齐、清晰、美观,导线绝缘良好,无损伤。线束横平竖直,配制坚固,层次分明,整齐美观	5	
	接线	接线正确、牢固,敷线平直整齐,无漏铜、反圈、压胶,绝缘性能好,外形美观	5	
	元器件安装	各元器件的安装整齐、匀称、间距合理,便于元器件的更换	5	
	安装过程	能够读懂电动机控制电路的电气原理图,并严格按照图样进行安装,安装过程符合安装的工艺要求	5	
	会用仪表检查电路	会用万用表检查电动机控制电路的接线是否正确	5	
	故障排除	能够排除电路的常见故障	5	
	通电试车	电动机正常工作,电路机械和电气操作试验合格	10	

续表

评价类别	考核项目	考核标准	配分/分	得　分
专业能力	工具的使用和原材料的用量	工具使用合理、准确，摆放整齐，用后归放原位；节约使用原材料，不浪费	5	
	安全用电	注意安全用电，不带电作业	5	
社会能力	团结协作	小组成员之间合作良好	5	
	职业意识	工具使用合理、准确，摆放整齐，用后归放原位；节约使用原材料，不浪费	5	
	敬业精神	遵守纪律，具有爱岗敬业、吃苦耐劳精神	5	
方法能力	计划和决策能力	计划和决策能力较好	5	

训练 2　三相异步电动机控制电路设计与安装技能训练

一、训练目标

1. 提高团队合作意识，培养良好的职业道德和职业习惯。

2. 熟练掌握电动机典型控制电路的原理和分析方法。

3. 根据所学知识和任务要求，分别设计顺序控制电路和多地控制电路，提高分析与设计水平。

4. 能够根据设计的顺序控制电路和多地控制电路的原理图进行电路的安装。

二、训练设备工具器材

机电综合实训台，三相异步电动机，交流接触器，热继电器，熔断器，按钮，指示灯，电工工具一套，导线若干等。

三、训练内容

1. 任务描述 1

(1) 在装有多台电动机的生产机械上，各电动机所起的作用是不同的，有时候需要按一定顺序启动或停止，才能保证操作过程的合理和工作的安全可靠。例如：X62W 型万能铣床要求主轴电动机启动后，进给电动机才能启动；M7120 型平面磨床的冷却泵电动机，要求当砂轮电动机启动后才能启动。试设计一个顺序启动控制电路，既可用主电路实现，也可以用控制电路实现。要求顺序启动，逆序停止，即 M1 启动后，M2 才能启动，M2 停止后，M1 才能停止。

(2) 按人数分组，确定每组的组长。

(3) 以小组为单位，设计顺序启动电路的电气原理图，然后根据电气原理图设计安装接线图和平面布置图。在机电综合实训台上，按照电动机控制电路的安装与调试步骤进行电路的安装与调试。要求：设计电路符合任务要求，在安装过程中严格遵循安装工艺和配线工艺，配线应整齐、清晰、美观，布局合理；安装好的电路机械和电气操作试验合格，并能检查和排除电路常见故障。小组每位成员都要积极参与计划和方案的制订，小组成员之间要齐心协力，共同设计电气原理图、安装接线图和平面布置图，共同制订实施方案，使方案更趋于合理，对团结合作好的小组给予一定的加分。

2. 任务描述 2

(1) 为了操作方便，有些生产设备需要在两地或多地控制一台电动机。设计一个电动机两地控制电路，要求在甲地和乙地都可以启动和停止同一台电动机。提示：多地控制电路只要把启动按钮并联，停止按钮串联即可实现。

(2) 按人数分组，确定每组的组长。

(3) 以小组为单位，设计电动机两地控制电路的电气原理图，然后根据电气原理图设计安装接线图和平面布置图。在机电综合实训台上，按照电动机控制电路的安装与调试步骤进行电路的安装与调试。要求：设计电路符合任务要求，在安装过程中严格遵循安装工艺和配线工艺，配线应整齐、清晰、美观，布局合理；安装好的电路机械和电气操作试验合格，并能检查和排除电路常见故障。小组每位成员都要积极参与计划和方案的制订，小组成员之间要齐心协力，共同设计电气原理图、安装接线图和平面布置图，共同制订实施方案，使方案更趋于合理，对团结合作好的小组给予一定的加分。

技能考核单

评价类别	考核项目	考核标准	配分/分	得　分
专业能力	电路设计	电气原理图、安装接线图和平面布置图设计合理	10	
	布局和结构	布局合理，结构紧凑，控制方便，美观大方	5	
	元器件的选择	元器件的型号、规格、数量符合图样的要求	5	
	导线的选择	导线的型号、颜色、横截面积符合要求	5	
	元器件的排列和固定	排列整齐，紧固各元器件时要用力均匀，紧固程度适当，元器件固定可靠，牢固	5	
	配线	配线整齐、清晰、美观，导线绝缘良好，无损伤。线束横平竖直，配制坚固，层次分明，整齐美观	5	
	接线	接线正确、牢固，敷线平直整齐，无漏铜、反圈、压胶，绝缘性能好，外形美观	5	
	元器件安装	各元器件的安装整齐、匀称、间距合理，便于元器件的更换	5	

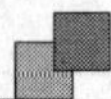

续表

评价类别	考核项目	考核标准	配分/分	得　分
专业能力	安装过程	能够读懂电动机控制电路的电气原理图，并严格按照图样进行安装，安装过程符合安装的工艺要求	5	
	会用仪表检查电路	会用万用表检查电动机控制电路的接线是否正确	5	
	故障排除	能够排除电路的常见故障	5	
	通电试车	电动机正常工作，电路机械和电气操作试验合格	10	
	工具的使用和原材料的用量	工具使用合理、准确，摆放整齐，用后归放原位；节约使用原材料，不浪费	5	
	安全用电	注意安全用电，不带电作业	5	
社会能力	团结协作	小组成员之间合作良好	5	
	职业意识	工具使用合理、准确，摆放整齐，用后归放原位；节约使用原材料，不浪费	5	
	敬业精神	遵守纪律，具有爱岗敬业、吃苦耐劳精神	5	
方法能力	计划和决策能力	计划和决策能力较好	5	

技能训练四

电子基本操作技能

教学目标

知识目标

(1) 掌握电子仪器仪表的使用方法和使用注意事项。

(2) 掌握电阻、电容、电感、二极管、三极管和集成门电路的识别与检测方法。

(3) 掌握手工焊接技能。

能力目标

(1) 能够熟练使用直流稳压电源、信号发生器、示波器、交流毫伏表等电子仪器仪表。

(2) 熟悉电子元器件的类别、性能、用途,能够正确地选用电子元器件。

(3) 学会使用手工焊接工具,熟练地在印制电路板上焊接电子元器件。

素质目标

(1) 应树立职业意识,并按照企业的“6S”(整理、整顿、清扫、清洁、素养、安全)质量管理体系要求自己。

(2) 培养学生团队合作、规范操作、认真负责、吃苦耐劳的职业素养。

(3) 养成工作细心、精益求精、爱护工具的良好习惯。

(4) 具有爱岗敬业、勇于创新的精神,具备良好的职业道德。

任务1　常用电子仪器仪表的使用

工作任务单

序　号	任务名称	任务目标
1	直流稳压电源的使用	掌握直流稳压电源的使用方法
2	信号发生器的使用	掌握信号发生器的使用方法
3	示波器的使用	掌握示波器的使用方法
4	交流毫伏表的使用	掌握交流毫伏表的使用方法

材料工具单

项　目	名　称	数　量	型　号	备　注
所用工具	电工工具	每组一套		
所用仪表	直流稳压电源	每组一台		
	信号发生器	每组一台		
	示波器	每组一台		
	交流毫伏表	每组一台		
	万用表	每组一块		
所用材料	导线	若干		
所用设备	电子产品装配流水线			

知识要点1　常用电子仪器的使用

一、直流稳压电源的使用

直流稳压电源是一种为电路提供能源，并将交流电压转换为稳定的、输出功率符合要求的直流电压的实验设备，大多数直流稳压电源具有两路电压输出（有的直流稳压电源具有多路电压输出），输出电压调节范围为0～30 V，每路输出电流0～2 A或0～3 A，并具有输出端短路自动保护、过载保护和手动复位功能，安全可靠，使用方便。图4－1所示为YB1731A型直流稳压电源。

1. 直流稳压电源的原理

直流稳压电源主要由电源变压器、整流器、滤波器、稳压器四部分组成，其组成如图4－2所示。

图 4-1 YB1731A 型直流稳压电源

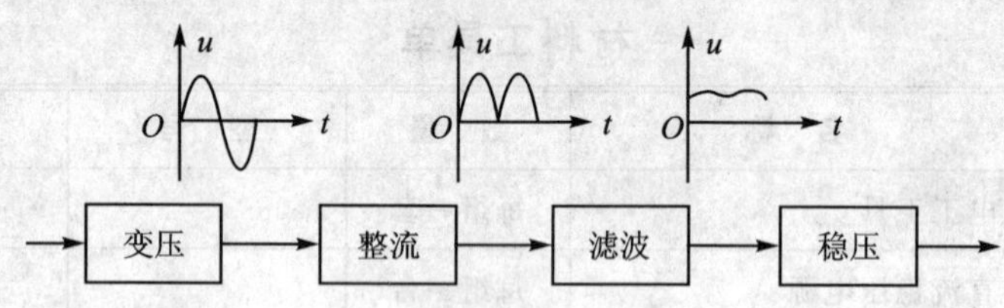

图 4-2 直流稳压电源的原理框图

(1) 交流电压变换电路:交流电压变换电路的主要任务是将电网电压变为所需的交流电压,同时还可以起到隔离直流电源与电网的作用。

(2) 整流电路:整流电路的作用是将变换后的交流电压转换为单方向的脉动电压。由于这种电压存在着很大的脉动成分(称为纹波),不能直接用来给负载供电,否则,会严重影响负载电路的性能指标。

(3) 滤波电路:滤波电路的作用是平滑整流部分输出的脉动直流电,使之成为含交变成分很小的直流电压。即滤波部分实际上是一个性能较好的低通滤波器,且其截止频率一定低于整流输出电压的基波频率。

(4) 稳压电路:尽管经过整流滤波后电压接近于直流电压,但是其电压值的稳定性很差,受温度、负载、电网电压波动等因素的影响很大,因此,还必须有稳压电路,以维持输出直流电压的基本稳定。

2. 直流稳压电源的使用(以 YB1731A 双路直流稳压电源为例)

(1) 操作面板的介绍(如图 4-1 所示):

① 数字表:指示 CH1 主路和 CH2 从路的输出电压、电流值。

② 电压调节旋钮:调节主路和从路的输出电压值。

③ 电流调节旋钮:调节主路和从路的输出电流值。

④ POWER 旋钮:电源开关。

⑤ 独立/组合模式按钮:用于选择独立和组合的两种工作模式。

⑥ 串联/并联模式按钮:用于选择串联工作模式和并联工作模式。

⑦ +端子(橘黄色):CH1 主路和 CH2 从路的正极输出端子。

⑧ 一端子(绿色):CH1 主路和 CH2 从路的负极输出端子。

⑨ 接地端子(黑色):接地和底盘。

(2) 使用方法如下:

① 先将电压调节旋钮旋转到最小位置(一般是逆时针旋转为减小),再将电流调节旋钮转到最小位置。

② 将直流稳压电源的电源线接到交流电插座上,打开直流稳压电源的开关。

③ 旋转电流调节旋钮对稳流数值作适当调节。

④ 旋转电压调节旋钮,根据需要调节电压,电压值一般不要太大。

⑤ 使用后应先将全部的电压调节旋钮、电流调节旋钮旋转到最小位置,再关闭稳压电源开关,最后再拆除连接电路所用的导线。

(3) 直流稳压电源使用注意事项:

① 稳压电源的开关不能作为电路开关随意开关。

② 检查电源输入、输出端有无短路现象。

③ 查看机箱后面板熔丝座内熔丝管是否装好。

④ 将面板各种旋钮、步进选择开关调到最小。

⑤ 开机前应根据需要,将输出电压选择旋钮放在适当的位置。

⑥ 在加载过程中不允许调节电压调节旋钮和电流调节旋钮,如要改变,需要将负载去掉后再进行转换。

⑦ 电源使用一段时间后,应对指示电路进行核准。

⑧ 应该经常检查电源线接线是否松动,接线柱是否松动,机箱内外螺钉是否牢固,内部是否有断裂等。

二、信号发生器的使用

信号发生器是一种能产生标准信号的电子仪器,是工业生产和电工、电子实验中经常使用的电子仪器之一。信号发生器可以产生不同频率的正弦波、调幅波、调频波、方波、三角波、锯齿波和正负脉冲波等信号,利用信号发生器输出的信号,可以对元器件的特性及参数进行测量。按频率和波段,信号发生器可分为低频信号发生器、高频信号发生器等。

1. 低频信号发生器的工作原理

低频信号发生器能够产生频率为 1 Hz～1 MHz 的正弦波信号,它除具有电压输出功能外,有的还具有功率输出功能,也可用于测试、检修各种电子仪器设备中的低频放大器的频率特性、增益、频带宽度,或可用作高频信号发生器的外调制信号源。另外,在校准电子电压表时,低频信号发生器可提供交流信号电压。

低频信号发生器的工作原理如图 4-3 所示。它包括主振极、电平调节装置、电压放大器、输出衰减器、功率放大器、阻抗变换器(输出变压器)和电平指示器。

主振极产生低频正弦振荡信号,经电压放大器放大,达到电压输出幅度的要求,经输出衰减器可直接输出电压,用主振输出调节电位器调节输出电压的大小。电压输出端的负载能力很弱,只能供给电压,故为电压输出。振荡信号再经功率放大器放大后,才能输出较大的功率。阻抗变换器用来匹配不同的负载阻抗,以便获得最大的功率输出。电压表通过开关换接,测量输出电压或输出功率。

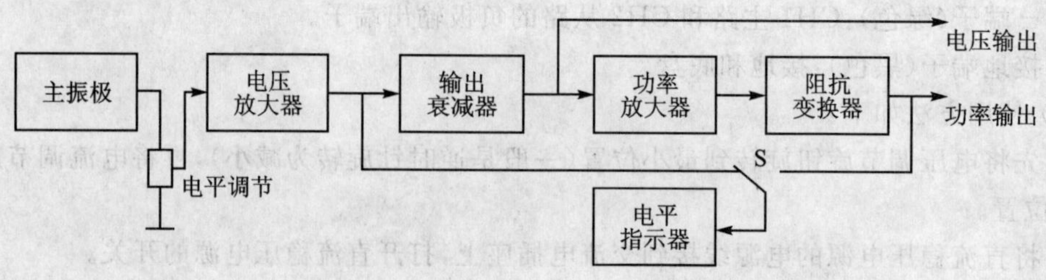

图 4-3　低频信号发生器的工作原理

2. 低频信号发生器的使用(以 XD1 型低频信号发生器为例)

(1) XD1 型低频信号发生器的面板介绍

低频信号发生器面板上所具有的控制装置有频段(频率倍乘)开关、频率调节(调谐)度盘、频率微调旋钮、输出调节旋钮、衰减选择开关、输出阻抗选择开关、内部负载开关、电压输出插座、功率输出接线柱、电压表输入接线柱、电压表头、电源开关与指示灯等。XD1 型低频信号发生器的面板如图 4-4 所示。

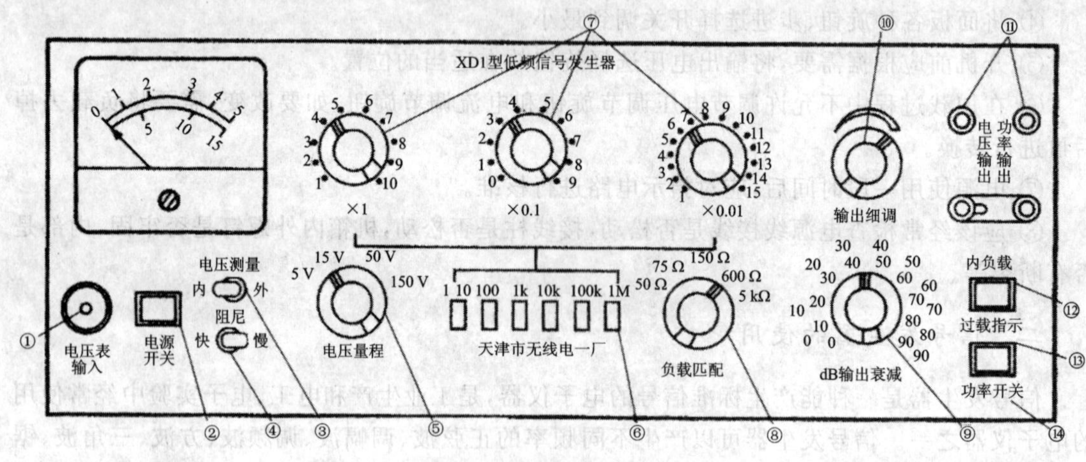

图 4-4　XD1 型低频信号发生器的面板

① 电压表输入插孔:当电压表用作外测量时,由此插孔接输入电压信号。

② 电源开关:按键按下时,电源接通,方框中间指示灯 ZD 亮。再按一下,按键弹出,指示灯灭,电源关断。

③ 电压测量开关:当置“内”位置时,电压表用于内测量;当置“外”位置时,电压表用于外测量。

④ 阻尼开关:为减小表针在低频时抖动而设置,当置“快”位置时,未接通阻尼电容;当置“慢”位置时,接通阻尼电容。

⑤ 电压量程转换开关:当电压表作内测量时,指 5 V 挡位置;当电压表作外测量时,还可在 15 V、50 V、150 V 挡变换。

⑥ 频率选择按键:分 6 挡,分别为 1、10、100、1k、10k、1M,为频率选择粗调。

⑦ 频率选择开关:“×1”、“×0.1”、“×0.01”三旋钮为频率选择细调。与频率选择按键配合使用,根据所需要的频率,可按下相应的按键,然后再用三个频率选择按钮,按十进制的原则

细调到所需频率。

⑧ 负载匹配旋钮：当用作功率输出时，调此旋钮，其指示值表示输出与负载匹配。

⑨ dB 输出衰减转换开关：调节输出幅度，步进 10dB 衰减，也对应电压倍数。

⑩ 输出细调旋钮：调此旋钮，微调输出幅度，顺时针旋增大，反向减小。

⑪ 输出端接线柱：有电压输出与功率输出。

⑫ 内负载按键：当使用功率级时，按键按下，表示接通内部负载。

⑬ 过载指示灯：当功率输出级过载时，指示灯亮，该指示灯装在功率开关方框中。

⑭ 功率开关按键：按下时，使功率级输入端接入信号。

(2) 低频信号发生器的使用方法

① 准备工作：开机前，应将输出细调电位器拨至最小，开机后，等过载指示灯熄灭后，再逐渐加大输出幅度。若想达到足够的频率稳定度，需预热 30 min 左右再使用。

② 选择频率：面板上的 6 挡按键开关为分波段的选择。根据所需要的频率，可先按下相应的按键，然后再用三个频率旋钮细调到所需的频率。

③ 输出调整：仪器有电压输出和功率输出两组按钮，这两种输出共用一个输出衰减旋钮，做每步 10 dB 的衰减。使用时应注意在同一衰减位置上，电压与功率衰减的分贝数是不相等的，面板已用不同的颜色区别。输出细调是由同一个电位器连续调节的，这两个旋钮适当配合，可在输出端上得到所需的输出幅度。

④ 电压级的使用：从电压级可以得到较好的非线性失真数($<0.1\%$)、较小的输出电压(200 μV)和小电压下较好的信噪比。电压级最大可输出 5 V，其输出阻抗是随输出衰减的分贝数变化而变化的。为了保持衰减的准确性及输出波形失真不超标(主要是在电压衰减 0 dB 时)，电压输出端上的负载应大于 5 kΩ。

⑤ 功率级的使用：使用功率级时应先将功率开关按下，接通功率级的输入信号。为使阻抗匹配，功率级共设有 50 Ω、75 Ω、150 Ω、600 Ω 及 5 kΩ 共 5 种负载值。若负载在 5 种负载值外，一般也应使实际使用的负载值大于所选用的数值，否则失真将增大。当负载接高阻抗时，应将内负载按键按下接通，否则输出幅度会减小。当功率输出衰减放在 0 dB 时，信号源内阻比负载值要小，但衰减 10 dB 以后的各挡，内阻与面板上阻抗匹配旋钮指示的阻抗值就相符，可做到负载与信号源内阻匹配。

⑥ 对称输出：功率级输出可以不接地，当需要这样使用时，只要将功率输出端与地的连接片取下即可对称输出。

3. 低频信号发生器使用注意事项

(1) 接入 220 V/50 Hz 交流电源，开机后预热 10 min，以使仪器产生较稳定的频率，这时再将输出信号输出。

(2) 当信号发生器接入被调试的电子线路且与其他电子仪器同时使用时，应注意共地。同时，应特别注意信号发生器的输出信号端不能对地短路，否则会损坏信号发生器。

(3) 当信号发生器经衰减器输出时，注意其不能带负载，只能提供电压信号。

三、示波器的使用

示波器(如图 4－5 所示)是能够把电信号的变化规律转换成可直接观察的波形的电子仪器，并且根据信号的波形对电信号的多种参量进行测量，如电信号的电压幅度、周期、频率、相位差、脉冲宽等。

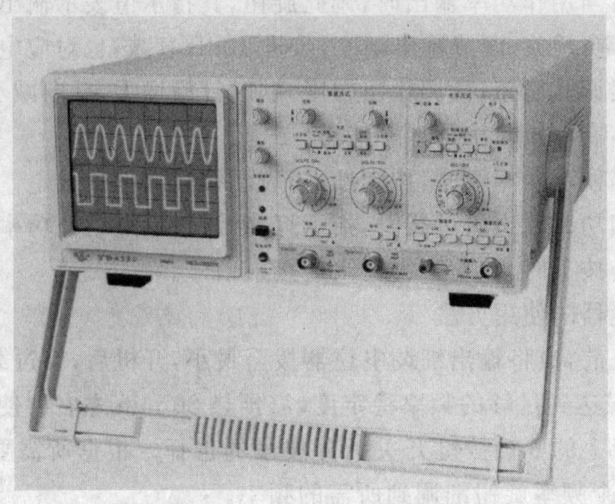

图 4-5　示波器

1. 示波器的工作原理

普通示波器有 5 个基本组成部分：显示电路、垂直（Y 轴）放大电路、水平（X 轴）放大电路、扫描与同步电路、电源供给电路。普通示波器的原理功能如图 4-6 所示。

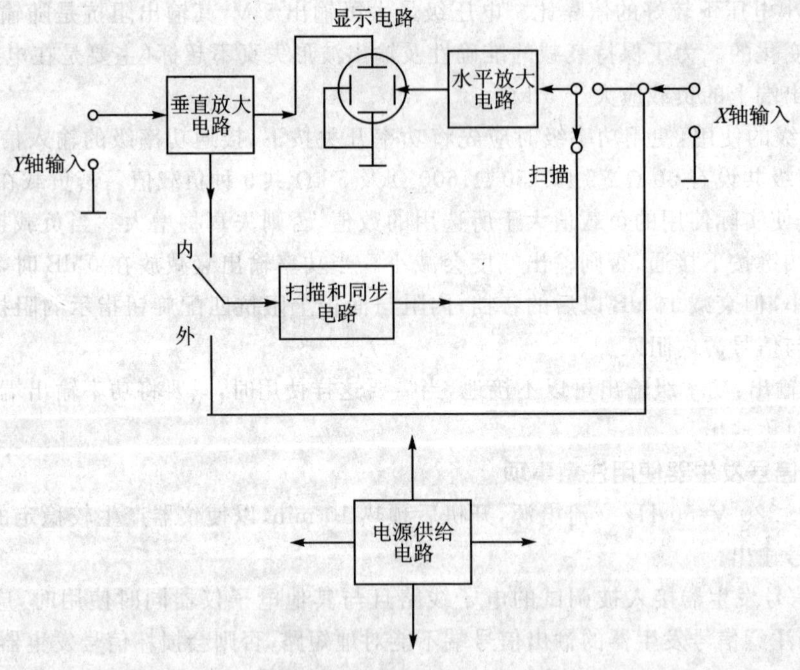

图 4-6　示波器原理功能

(1) 显示电路：显示电路包括示波管及其控制电路两个部分。示波管是示波器进行图形显示的核心部分，主要由安装在高真空玻璃管中的电子枪、偏转系统和荧光屏 3 部分组成。

(2) 垂直（Y 轴）放大电路：由于示波管的偏转灵敏度较低，所以一般的被测信号电压都要

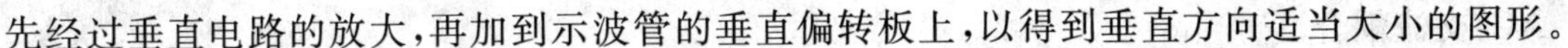

先经过垂直电路的放大，再加到示波管的垂直偏转板上，以得到垂直方向适当大小的图形。

(3) 水平(X 轴)放大电路：由于示波管水平方向的偏转灵敏度也很低，所以接入示波管水平偏转板的电压(锯齿波电压或其他电压)也要先经过水平放大电路的放大后，再加到示波管的水平偏转板上，以得到水平方向适当大小的图形。

(4) 扫描与同步电路：扫描电路产生一个锯齿波电压。该锯齿波电压的频率能在一定的范围内连续可调。锯齿波电压的作用是使示波管阴极发出的电子束在荧光屏上形成周期性的、与时间成正比的水平位移，即形成时间基线，这样才能把加在垂直方向的被测信号按时间变化的波形展现在荧光屏上。同步电路的作用是为了观察到稳定的波形，要求每次扫描起点的相位应等于前次扫描终点的相位，或者说，用 Y 轴的信号频率去控制扫描发生器的频率，使扫描频率与信号频率准确相等或成整数倍关系。

(5) 电源供给电路：电源供给电路供给垂直与水平放大电路、扫描与同步电路以及示波管与控制电路所需的负高压、灯丝电压等。

2. 示波器的操作面板上各旋钮的功能

图 4－7 是 YB4328D 示波器的操作面板。

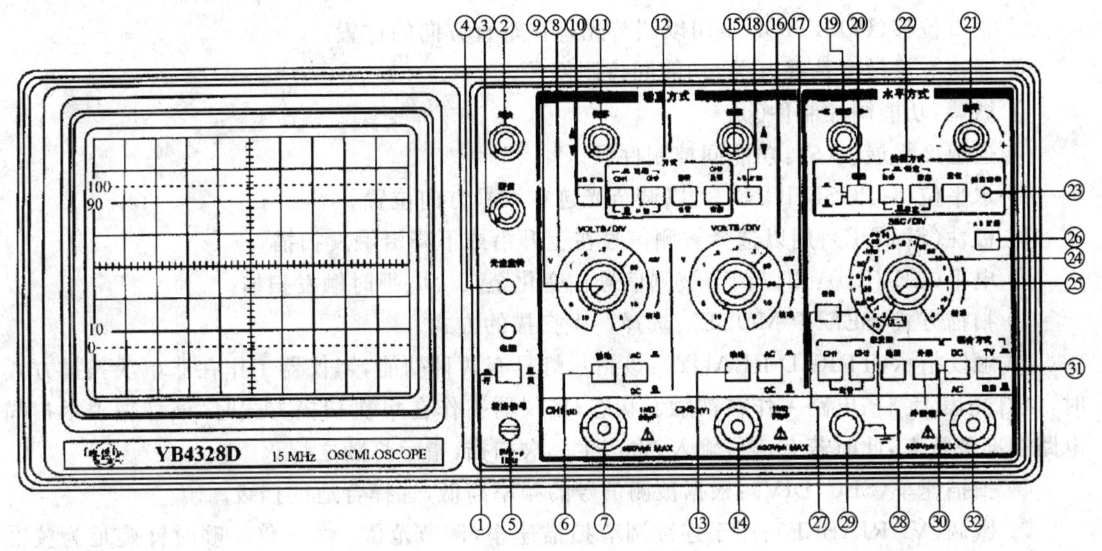

图 4－7　YB4328D 示波器的操作面板

① 电源开关(Power)：示波器主电源开关。当此开关按下时，电源指示灯亮，表示电源接通。

② 辉度(Intensity)：旋转此旋钮能改变光点和扫描线的亮度。使用时应使亮度适当，观察低频信号时可小些，观察高频信号时可大些。一般不应太亮，若过亮，容易损坏示波管。

③ 聚焦(Focus)：用以调节示波管电子束的焦点，使显示的光点成为细而清晰的圆点。

④ 光迹旋转：调节光迹与水平线平行。

⑤ 探极校准信号：此端口输出幅度为 0.5 V、频率为 1 kHz 的方波信号，用以校准 Y 轴偏转系数和扫描时间系数。

⑥ 耦合方式(AC GND DC)。

AC:交流耦合。

GND:输入端处于接地状态,用以确定输入端为零电位时光迹所在位置。

DC:直流耦合。

⑦ 通道 1 输入插座 CH1(X):双功能端口,在常规使用时,此端口作为垂直通道 1 的输入口,当仪器工作在 $X-Y$ 方式时,此端口作为水平轴信号输入口。

⑧ 通道 1 灵敏度选择开关(V/DIV):选择垂直轴的偏转系数,从 5 mV/DIV～10 V/DIV 分 11 个挡级调整,可根据被测信号的电压幅度选择合适的挡级。

⑨ 微调(VARIABLE):可以连续调节垂直轴的偏转系数,调节范围≥2.5 倍,该旋钮顺时针旋足时,为校准位置,此时可根据 V/DIV 开关度盘位置和屏幕显示幅度读取该信号的电压值。

⑩ 通道扩展开关(PULL×5):按入此开关,增益扩展 5 倍。

⑪ 垂直位移(POSITION):用以调节光迹在垂直方向的位置。

⑫ 垂直方向(MODE):选择垂直系统的工作方式。

⑬ 耦合方式(AC GND DC):作用于 CH2,功能同控制件⑥。

⑭ 通道 2 输入插座:垂直通道 2 的输入端口,在 $X-Y$ 方式时,作为 Y 轴输入口。

⑮ 垂直位移(POSITION):用以调节光迹在垂直方向的位置。

⑯ 通道 2 灵敏度选择开关:功能同控制件⑧。

⑰ 微调:功能同控制件⑨。

⑱ 通道 2 扩展(×5):功能同控制件⑩。

⑲ 水平位移(POSITION):可以调节光迹在水平方向位置。

⑳ 极性(SLOPE):用以选择被测信号在上升沿或下降沿触发扫描。

㉑ 电平(LEVEL):用以调节被测信号在变化至某一电平时触发扫描。

㉒ 扫描方式(SEEEP MODE):选择产生扫描的方式。

㉓ 触发指示(TRIG'D READY):该指示灯具有两种功能,当仪器工作在非单次扫描方式时,该灯亮表示扫描电路工作在被触发状态;当仪器工作在单次扫描方式时,该灯亮表示扫描电路在准备状态,此时若有信号输入,将产生一次扫描,指示灯随之熄灭。

㉔ 扫描速率(SEC/DIV):根据被测信号的频率高低,选择合适的挡级。

㉕ 微调(VARIABLE):用于连续调节扫描速率,调节范围≥2.5 倍。顺时针旋足为校准位置。

㉖ 扫描扩展开关(×5):按此按键,水平速率扩展 5 倍。

㉗ 慢扫描开关:用于观察低频脉冲信号。

㉘ 触发源(TRIGGER SOURCE):用于选择不同的触发源。

㉙ ⊥:机壳接地端。

㉚ AC/DC:外触发信号的耦合方式,当选择外触发源,且信号频率很低时,应将开关置于 DC 位置。

㉛ 常态/TV(NORM/TV):用于一般测量时,此开关置于常态位置;观察电视信号时,应将此开关置于 TV 位置。

㉜ 外触发输入(EXT INPUT):当选择外触发方式时,触发信号由此端口输入。

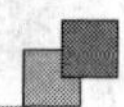

3. 示波器的使用方法

用示波器能观察各种不同电信号幅度随时间变化的波形曲线，示波器还可以应用于测量电压、时间、频率、相位差和条幅度等参数。

(1) 选择 Y 轴耦合方式：根据被测信号频率的高低，将 Y 轴输入耦合方式选择 AC-地-DC 开关置于 AC 或 DC。

(2) 选择 Y 轴灵敏度：根据被测信号的大约峰-峰值（如果采用衰减探头，应除以衰减倍数；在耦合方式取 DC 挡时，还要考虑叠加的直流电压值），将 Y 轴灵敏度选择 V/DIV 开关（或 Y 轴衰减开关）置于适当挡级。实际使用中如不需读测电压值，则可适当调节 Y 轴灵敏度微调（或 Y 轴增益）旋钮，使屏幕上显现所需高度的波形。

(3) 选择触发（或同步）信号来源与极性：通常将触发（或同步）信号极性开关置于“＋”或“－”挡。

(4) 选择扫描度：根据被测信号周期（或频率）的大约值，将 X 轴扫描速度 t/DIV（或扫描范围）开关置于适当挡级。实际使用中如不需读测时间值，则可适当调节使用速度 t/DIV 微调（或扫描微调）旋钮，使屏幕上显示测试所需周期数的波形。如果需要观察的是信号的边沿部分，则扫描速度 t/DIV 开关应置于最快扫描速度挡。

(5) 输入被测信号：被测信号由探头衰减后（或由同轴电缆不衰减直接输入，但此时的输入阻抗降低，输入电容增大），通过 Y 轴输入端输入示波器。

4. 示波器的测量方法

(1) 电压的测量：示波器可以用来测量各种波形的电压幅度，既可以测量直流电压和正弦电压，又可以测量脉冲或非正弦电压的幅度。直接测量法是直接从屏幕上量出被测电压波形的高度，然后换算成电压值。定量测试电压时，一般把 Y 轴灵敏度开关的微调旋钮旋转至校准位置上，这样就可以从 V/DIV 的指示值和被测信号占取的纵轴坐标值直接计算被测电压值。直接测量法又称为标尺法。

① 交流电压的测量：将 Y 轴输入耦合开关置于 AC 位置，调节 V/DIV 开关，将微调旋钮顺时针方向旋转至最大值，使波形在屏幕中的显示幅度适中，调节电平旋钮使波形稳定，分别调节 X 轴和 Y 轴位移，使波形显示值方便读取，如图 4-8 所示。根据 V/DIV 的指示值和波形在垂直方向显示的坐标，按如下公式读测显示信号波形的峰值 $U_{P\text{-}P}$。

$$U_{P\text{-}P}=\mathrm{V/DIV}\times \mathrm{D(DIV)}$$

② 直流电压的测量：将 Y 轴输入耦合开关置于 GND 位置，调节 Y 轴移位使扫描基线在一个合适的位置，再将耦合方式开关转换到 DC 位置，调节电平使波形同步。根据波形偏移原扫描基线的垂直距离，读取信号的电压值，如图 4-9 所示。

(2) 时间的测量：示波器时基能产生与时间呈线性关系的扫描线，因而可以用荧光屏的水平刻度来测量波形的时间参数，如周期性信号的周期、脉冲信号的宽度、时间间隔、上升时间（前沿）和下降时间（后沿）、两个信号的时间差等。将示波器的扫速开关 t/DIV 的微调装置转至校准位置时。显示的波形在水平方向刻度所代表的时间可按 t/DIV 开关的指示值直接读取计算，从而较准确地求出被测信号的时间参数。

时间(s)＝两点间的水平距离(DIV)×扫描时间系数(t/DIV)/水平扩展系数

如图 4-10 所示，A、B 两点的水平距离为 8 格，扫描时间系数为 1 ms/DIV，水平扩展系数为“×1”，则

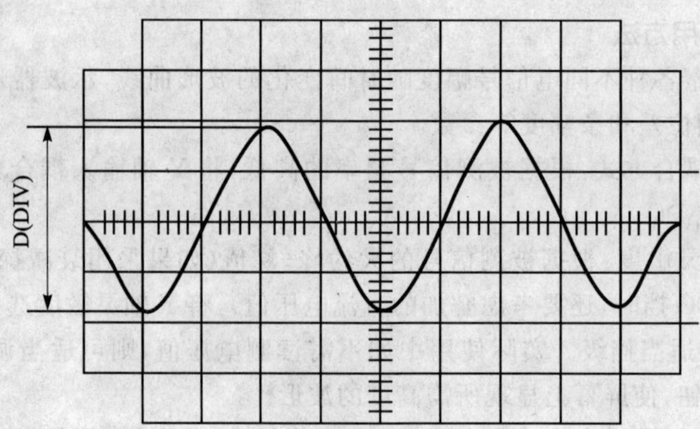

V/DIV:2 V/DIV U_{P-P} = 2 V/DIV×3.6(DIV) = 7.2 V

图 4-8 交流电压的测量

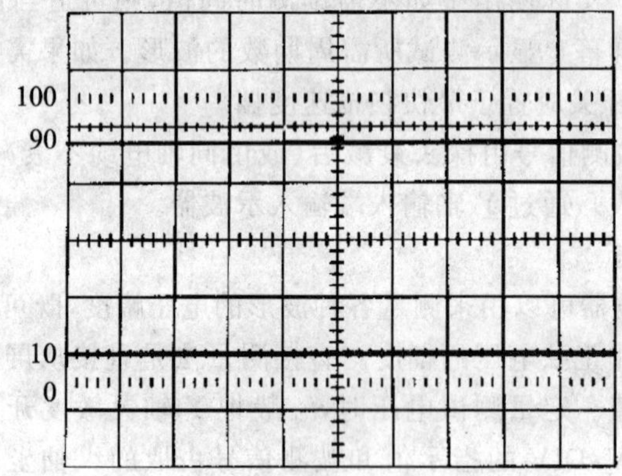

V/DIV:0.5 V/DIV U_{P-P} = 0.5 V/DIV×3.7(DIV) = 1.85 V

图 4-9 直流电压的测量

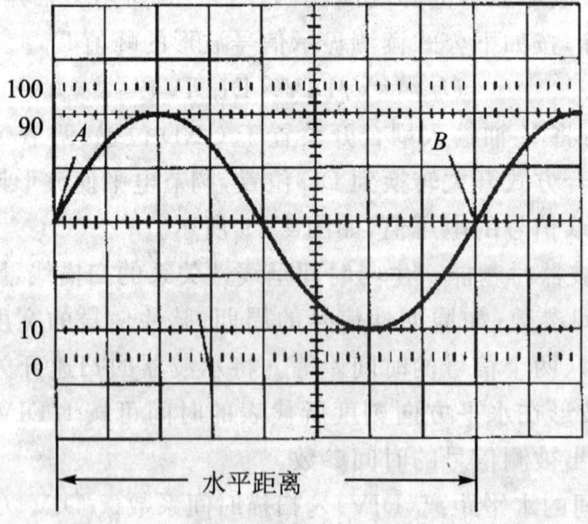

图 4-10 时间的测量

$$时间间隔(s)=8\ DIV\times 1\ ms/DIV/1=8\ ms$$

(3) 频率的测量：对于任何周期信号，可用时间间隔的测量方法，先测定其每个周期的时间 T，再用 $f=1/T$ 求出频率 f。例如，示波器上显示的被测波形，一周期为 8 DIV，t/DIV 开关置于 1 μs 位置，其微调装置转至校准位置。其周期及频率为

$$T=1\ \mu s/DIV\times 8\ DIV=8\ \mu s$$

则

$$f=1/8\ \mu s=125\ kHz$$

所以被测波形的频率为 125 kHz。

5. 示波器使用的注意事项

(1) 示波器正常使用温度在 0～40℃。使用时不要将其他仪器或杂物盖在示波器的通风孔上，以免影响散热，使仪器过热而损坏。

(2) 使用时示波器的辉度不要过高，因为过亮的光点或扫描轨迹会使操作者感到刺眼，而且这样的光点或扫描轨迹长时间停留在同一位置上会导致示波管荧光屏涂层灼伤。

(3) 不要加过高的输入电压。一般示波器对于信号的输入都有额定的最高允许电压范围。用户应根据示波器技术说明书上规定的范围使用。

(4) 示波器使用时不要频繁地开关电源。一般在工作开始前就打开示波器，工作结束后才关闭示波器。

(5) 注意不要用探极拖拉示波器。

知识要点 2　交流毫伏表的使用

交流毫伏表是一种交流电压测量仪器，采用磁电式表头作为指示器，属于指针式仪表。交流毫伏表与普通电压表相比有以下优点：

1. 电压测量范围宽，量程从几毫伏到几百伏；
2. 灵敏度高，可测量微伏级电压；
3. 输入阻抗高；
4. 测量频率范围宽，频率范围为几赫兹到几十兆赫兹。

一、交流毫伏表的工作原理

交流毫伏表通常有衰减器、检波电路、放大电路和指示电路四部分组成。被测电压先经衰减器衰减到适宜交流放大器输入的数值，再经交流电压放大器放大，最后经检波器检波，得到直流电压，由表头指示出其数值的大小。另外，交流毫伏表的面板是按交流电压有效值进行刻度的，因此只能测量正弦交流电压的有效值，当测量非正弦电压时，其读数没有直接的意义。

二、交流毫伏表的使用

以 YB－2172 型交流毫伏表为例介绍毫伏表的使用方法，YB－2172 型交流毫伏表如图 4－11 所示。

1. YB－2172 型交流毫伏表面板

YB－2172 型交流毫伏表操作面板如图 4－12 所示。

① 显示窗口：表头指示输入信号的幅度。

② 机械零点调节：开机前，如表头指针不在机械零点处，用小一字螺丝刀调节机械零调节螺丝，使指针置于零。

③ 电源开关：电源开关按键弹出即为“关”位置，将电源线接入，按电源开关以接通电源。

④ 量程指示：指示灯显示仪器所处的量程和状态。

⑤ 输入(INPUT)端口：输入信号由此端口输入。

图 4－11 YB－2172 型交流毫伏表

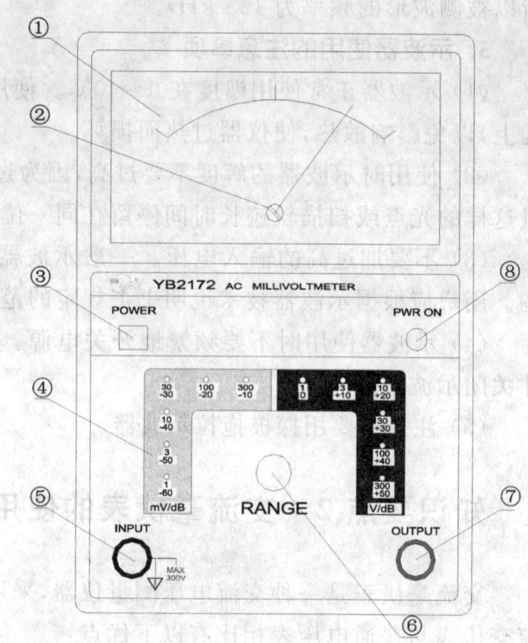

图 4－12 YB－2172 型交流毫伏表操作面板

⑥ 量程旋钮：开机后，在输入信号前，应将量程调至最大处，即量程指示灯“300 V”处亮，然后，当输入信号送至输入端口后，调节量程旋钮，使表头指针正确显示输入信号的电压值。

⑦ 输出(OUTPUT)端口：输出信号由此端口输出。

⑧ 电源指示灯：当电源开关被按入即电源被接通时，此指示灯应当亮。

2. 基本操作方法

(1) 打开电源开关前，首先检查输入的电源电压，然后将电源线插入后面板上的交流插孔。

(2) 电源线接入后，按电源开关以接通电源，并预热 5 min。

(3) 输入信号前，将量程旋钮调至最大量程处(在最大量程处时，量程指示灯“300 V”应亮)。

(4) 将输入信号由输入端口(INPUT)送入交流毫伏表。

(5) 调节量程旋钮，使表头指针置于大于或等于满刻度的 30%，且小于满刻度值时读出显示值。

(6) 将交流毫伏表的输出用探头送入示波器的输入端，当表头指示是满刻度“1.0”位置时，其输出应满足指标。

(7) 本仪器给出的指示与输入波形的平均值相符合，按正弦波的有效值校准，因此输入电压波形的失真会引起读数的不准确。

(8) 当被测量的电压很小时，或者被测量电压源阻抗很高时，一个不正常的指示可以归结为外部噪声感应的结果。如果发生该现象，可利用屏蔽电缆减少或消除噪声干扰。

(9) dB 量程。表头有两种刻度：1 V 作 0 dB 的 dB 刻度值；0.775 V 作 0 dBm(1 mW 600 Ω) 的 dBm 的刻度值。

三、使用交流毫伏表的注意事项

1. 避免过冷或过热。不可将交流毫伏表长期暴露在日光下，或放在靠近热源的地方，如火炉。

2. 不可在寒冷天气时放在室外使用，仪器工作温度应为 0～40℃。

3. 避免炎热与寒冷环境的交替。不可将交流毫伏表从炎热的环境中突然转到寒冷的环境或相反进行，这将导致仪器内部形成凝结。

4. 避免湿度、水分和灰尘。如果将交流毫伏表放在湿度大或灰尘多的地方，可能导致仪器操作出现故障，最佳使用相对湿度范围是 35%～90%。

5. 应避免在强烈震动的地方使用，否则会导致仪器操作出现故障。

6. 交流毫伏表对电磁场较为敏感，不可在具有强烈磁场作用的地方操作毫伏表，不可将磁性物体靠近毫伏表表头，应避免阳光或紫外线对仪器的直接照射。

7. 使用之前的检查步骤如下：

(1) 检查表针。当电源关时，检查表针是否指在机械零点，如有偏差，请将其调至机械零点。

(2) 检查电压。毫伏表的正确工作电压范围为交流 198～242 V，在接通电源之前应检查电源电压。

(3) 确保所用的保险丝是指定的型号。为了防止由于过电流引起电路损坏，请使用正确的保险丝值。

(4) 开机后，在输入信号前，检查量程是否在最大量程处。若在最大量程处，指示灯“300 V”应亮。如有偏差，请将其调至最大量程处。

(5) 输入电压不可高于规定的最大输入电压。

训练 1　直流稳压电源的使用技能训练

一、训练目标

1. 提高专业意识，培养良好的职业道德和职业习惯。
2. 学会直流稳压电源的使用方法。
3. 培养团队意识和敬业精神。

二、训练设备工具器材

直流稳压电源、数字万用表。

三、训练内容

1. 按人数分组，确定每组的组长。

2. 以小组为单位，调节直流稳压电源，使相应的输出端分别获得 3 V、9 V、18 V、30 V 的直流电压。要求每位同学必须操作一次。

3. 在调节过程中操作要规范。小组成员之间要齐心协力，分工合作，对团结合作好的小组给予一定的加分。

技能考核单

评价类别	考核项目	考核标准	配分/分	得　分
专业能力	输出电压 3 V	结果准确	20	
	输出电压 9 V	结果准确	20	
	输出电压 18 V	结果准确	20	
	输出电压 30 V	结果准确	20	
社会能力	团结协作	小组成员之间合作良好	8	
	敬业精神	遵守纪律，具有爱岗敬业、吃苦耐劳精神	7	
方法能力	计划和决策能力	计划和决策能力较好	5	

训练 2　信号发生器的使用技能训练

一、训练目标

1. 提高专业意识，培养良好的职业道德和职业习惯。
2. 熟悉低频信号发生器的面板结构及使用方法。
3. 培养团队意识和敬业精神。

二、训练设备工具器材

XD1 低频信号发生器、示波器、万用表。

三、训练内容

1. 按人数分组，确定每组的组长。

2. 以小组为单位，调节低频信号发生器，要求调节出 1 kHz，5 V、0.5 V 的正弦波电压，把调节的旋钮名称和所置挡位记录下来。

3. 调节低频信号发生器，使其输出电压有效值为 10 V、频率为 5 kHz 的正弦波，并用示波器观察电压波形。

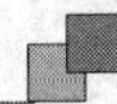

技能考核单

评价类别	考核项目	考核标准	配分/分	得　分
专业能力	调出 1 kHz，5 V 电压	方法正确，记录准确	20	
	调出 1 kHz，0.5 V 电压	方法正确，记录准确	20	
	调出 5 kHz，10 V 的正弦波	方法正确，记录准确	40	
社会能力	团结协作	小组成员之间合作良好	8	
	敬业精神	遵守纪律，具有爱岗敬业、吃苦耐劳精神	7	
方法能力	计划和决策能力	计划和决策能力较好	5	

训练 3　示波器的使用技能训练

一、训练目标

1. 提高专业意识，培养良好的职业道德和职业习惯。
2. 了解示波器的面板结构，掌握示波器的基本使用方法。
3. 培养团队意识和敬业精神。

二、训练设备工具器材

YB4328 型双踪示波器。

三、训练内容

1. 按人数分组，确定每组的组长。
2. 以小组为单位，通过计划和决策制订出本组的实施方案，并写出操作方法。
3. YB4328 型双踪示波器校准信号的测量。
4. 正弦波的测量。
5. 脉冲波的测量。

技能考核单

评价类别	考核项目	考核标准	配分/分	得　分
专业能力	外部接线	电源连线正确,保护地线连接正确,连线正确无误	10	
	参数设置	操作步骤正确,参数准确,读数误差小,操作熟练	20	
	运行操作	操作顺序准确	30	
	安全文明生产	遵守安全操作规程、安装法规和安全文明生产规程,无事故发生,电工仪表工具使用正确,保持工位文明卫生,做好清洁及整理工作	20	
社会能力	团结协作	小组成员之间合作良好	8	
	敬业精神	遵守纪律,具有爱岗敬业、吃苦耐劳精神	7	
方法能力	计划和决策能力	计划和决策能力较好	5	

训练4　交流毫伏表的使用技能训练

一、训练目标

1. 提高专业意识,培养良好的职业道德和职业习惯。
2. 了解交流毫伏表面板上各部件的作用。
3. 掌握交流毫伏表的使用方法。
4. 培养团队意识和敬业精神。

二、训练设备工具器材

YB-2172型交流毫伏表、低频信号发生器。

三、训练内容

1. 按人数分组,确定每组的组长。

2. 以小组为单位,设定低频信号发生器,将其输出的信号输入交流毫伏表,并进行测量和记录。

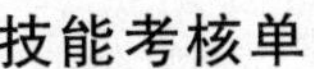

评价类别	考核项目	考核标准	配分/分	得　分
专业能力	操作交流毫伏表	操作正确	20	
	测量 1 000 Hz,1 V(峰值)	正确测量,并进行读数	20	
	测量 250 Hz,10 V(峰值)	正确测量,并进行读数	20	
	测量 100 kHz,100 MV(峰值)	正确测量,并进行读数	20	
社会能力	团结协作	小组成员之间合作良好	8	
	敬业精神	遵守纪律,具有爱岗敬业、吃苦耐劳精神	7	
方法能力	计划和决策能力	计划和决策能力较好	5	

任务2　常用电子元器件的识别与测试

工作任务单

序　号	任务名称	任务目标
1	电阻、电容、电感元件的识别与测试	掌握电阻、电容、电感元件的识别与测试方法
2	二极管、三极管的识别与测试	掌握二极管、三极管的识别与测试方法
3	集成门电路芯片的识别与测试	掌握集成门电路的识别与测试方法

材料工具单

项　目	名　称	数　量	型　号	备　注
所用工具	电工工具	每组一套		
所用仪表	数字万用表和指针式万用表	每组各一块		
所用材料	电阻	每组一套		
	电容			
	电感			
	二极管			
	三极管			
	集成芯片			

知识要点1　电子元器件的识别与检测

一、电阻器的识别与检测

1. 认识电阻器

电阻器简称为电阻，是一种最基本、最常用的电子元件。电阻在电路中的主要作用是降压(限压)及分流。

电阻根据其阻值的变化，可分为固定电阻、可调电阻(电位器)及微调电阻等；按其制造材料的不同，可分为碳膜电阻、金属膜电阻、有机实心电阻、绕线电阻、固定抽头电阻等；按其结构可又分为单个电阻、排电阻、贴片电阻等。此外还有一些特殊电阻，如熔断电阻、水泥电阻、敏感型电阻、跳线等。常用电阻的实物图如图4-13所示。

在电子制作中一般常用碳膜与金属膜电阻，金属膜电阻的精确度、热稳定性、噪声要比碳膜电阻要好，但价格较高。电位器是一个可变电阻，常用于调整电路中改变阻值，如电视机中

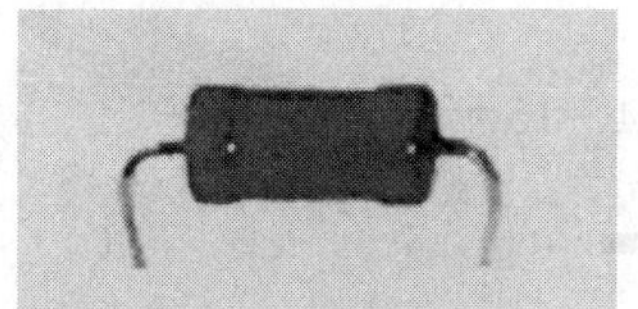

(a) 金属膜电阻

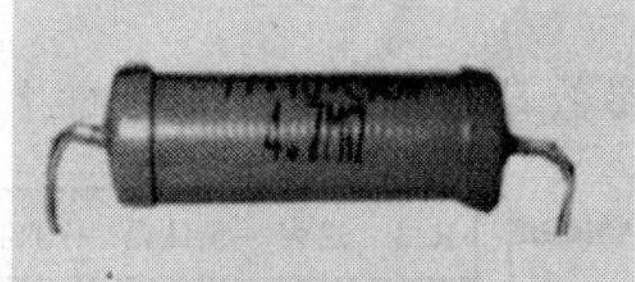

(b) 碳膜电阻

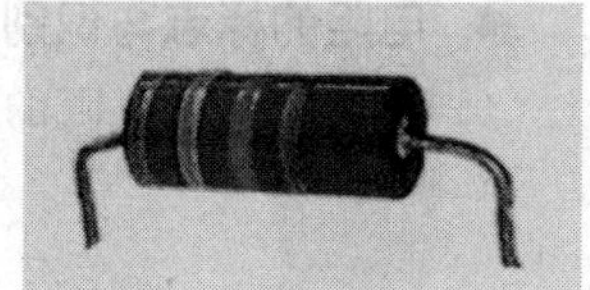

(c) 实心电阻

(d) 水泥电阻

(e) 绕线电阻

(f) 电位器

(g)微型可变电阻

图 4－13　电阻

的亮度调节、扩音器的音量调节等都是通过电位器来实现的。

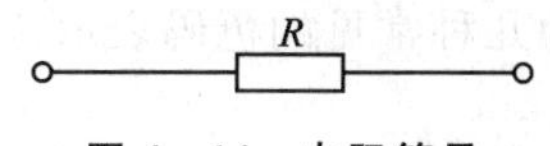

图 4－14　电阻符号

2. 电阻的电路符号

电阻的电路符号如图 4－14 所示。

3. 电阻的命名方法

根据 GB/T 2470—1995《电子设备用电阻器、电容器型号命名方法》的规定，电阻的型号命名方法由 4 部分组成，如表 4－1 所列。

第一部分：用一个字母表示产品的主称。

第二部分：用一个字母表示制作产品的材料。

第三部分：用一个数字或一个字母表示产品的主要特征。

第四部分：用数字表示产品的生产序号。

例如，RJ73——精密金属膜电阻。其中，第一部分主称 R，表示电阻；第二部分电阻材料 J，表示金属膜；第三部分类别 7，表示精密；第四部分序号 3，含义如表 4－1 所列。

表 4－1　电阻的型号命名方法

第一部分：主称		第二部分：电阻体材料		第三部分：类别		第四部分：序号
字母	含义	字母	含义	符号产品	类别	用数字表示
R	电阻	T	碳膜	0		用数字 1、2、3 等表示。 说明：对材料、特征相同，仅尺寸、性能指标略有差别，但基本上不影响互换性的产品，可以标同一序号；若尺寸、性能指标的差别影响互换时，则要标不同序号加以区别
				1	普通	
		H	合成膜	2	普通	
		S	有机实心	3	超高频	
		N	无机实心	4	高阻	
		J	金属膜(箔)	5	高阻	
		Y	氧化膜	6	精密	
		I	玻璃釉膜	7	精密	
		X	线绕	8	高压	
				9	特殊	
				G	高功率	

4. 电阻的标志与识别

(1) 直标法:将电阻的主要参数直接标在电阻的表面上,如图 4-15 所示。

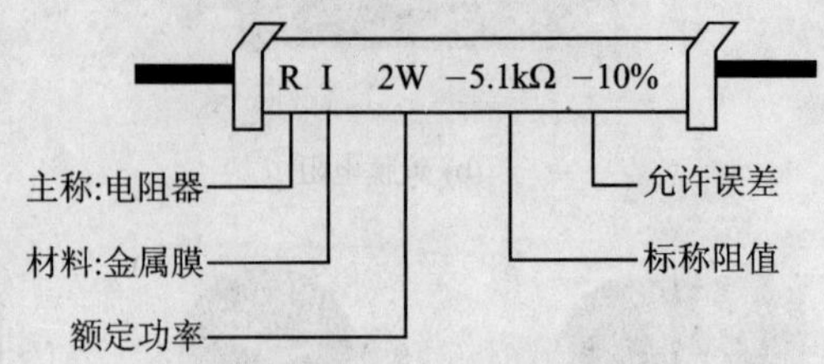

图 4-15 电阻的直标法

(2) 文字符号法:用文字、数字符号两者有规律地组合起来标在电阻的表面上。例如,电阻上标志符号 3R3 则表示电阻值为 3.3 Ω;R10 则表示 0.1 Ω;1M0 表示1 MΩ 等。

(3) 色标法:用不同颜色的色环表示电阻的标称阻值与允许误差的标注方法。图 4-16 所示为几种常见的色码表示法。色环、色点所代表的意义如表 4-2 所列。

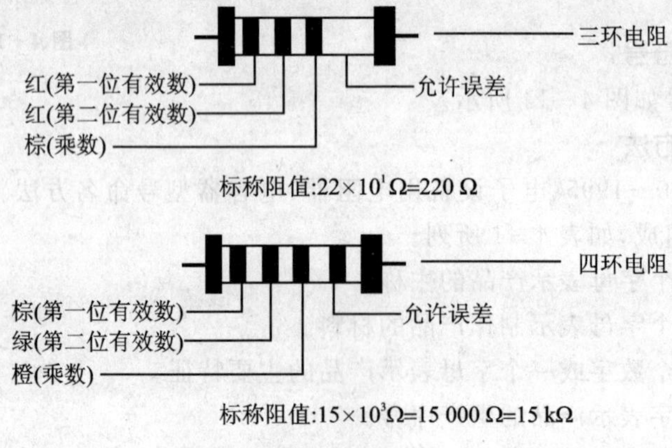

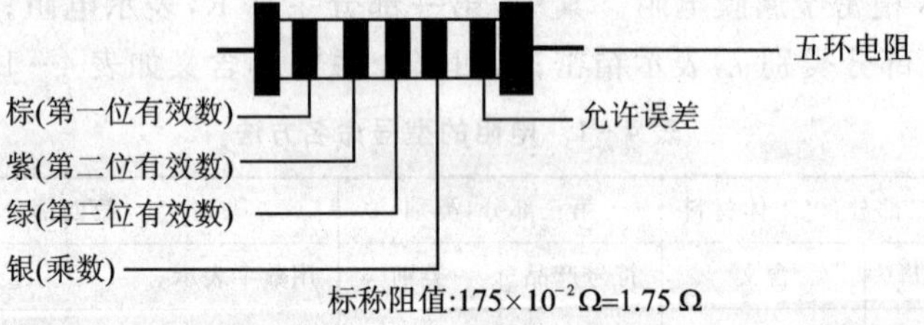

图 4-16 色码标注法

表 4-2 色环、色点所代表的意义

颜 色	有效数字	乘 数	允许偏差/%	颜 色	有效数字	乘 数	允许偏差/%
银色	—	10^{-2}	±10	绿色	5	10^5	±0.5
金色	—	10^{-1}	±5	蓝色	6	10^6	±0.25
黑色	0	10^0	—	紫色	7	10^7	±0.1
棕色	1	10^1	±1	灰色	8	10^8	—
红色	2	10^2	±2	白色	9	10^9	+50,-20
橙色	3	10^3	—	无色	—	—	±20
黄色	4	10^4	—				

例如，有一个电阻的色环分别为棕、黑、红和银色，则该电阻的阻值为 $10\times10^2\ \Omega$，即 1 000 Ω，允许误差为±10%。

(4) 数字法：用三位数字标志电阻的标称值。该表示法主要用于片状电阻，如图 4-17 所示。数字的前两位为有效数字，第 3 位为倍率，例如，473 表示为 $47\times10^3\ \Omega=47\ \text{k}\Omega$。

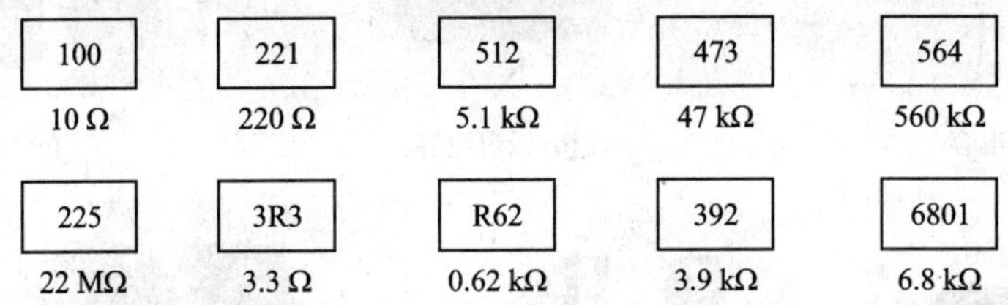

图 4-17　片状电阻标称阻值数字表示法

5. 电阻的检测

(1) 外观检查：从外观看电阻本身有无破损、脱皮，电阻引脚有无脱落及松动现象，看电阻表面有无烧焦，引线有无折断现象。对于电位器还应检查转轴是否灵活，松紧是否适当。

(2) 万用表检测：用万用表检测电阻参照技能训练一的万用表的使用。

注意：

① 若测得阻值超过该电阻的误差范围、阻值无限大、阻值为 0 或阻值不稳，说明该电阻已坏。

② 测量时手不能接触被测电阻的两根引线，以免人体电阻影响测量的准确性。

③ 若要测量电路中的电阻，必须将电阻的一端从电路中断开，以防电路中的其他元器件影响测量结果。

二、电容器的识别与检测

1. 认识电容器

电容器是电子线路中的重要元器件，在电路中，有通交流隔直流的性能，在电路中可起到旁路、耦合、滤波、隔直流、存储电能、振荡和调谐等作用。电容器的基本结构是用一层绝缘材料(介质)间隔的两片导体。由于绝缘材料的不同，所构成的电容器的种类也有所不同。按结构不同可分为固定电容、可变电容、微调电容；按介质材料不同可分为气体介质电容、液体介质电容、无机固体介质电容、有机固体介质电容、电解电容；按极性不同可分为有极性电容和无极性电容。常见电容如图 4-18 所示。

2. 电容器的电路符号

电容器的电路符号如图 4-19 所示。

3. 电容器命名方法

根据国家标准 GB/T 2470—1995《电子设备用电阻器、电容器型号命名方法》的规定，电容器的型号由 4 部分组成，如表 4-3 所列。

第一部分：主称，用字母 C 表示。

第二部分：介质材料，用字母表示。

第三部分：特征，用字母和数字表示。

第四部分：序号，用数字表示。

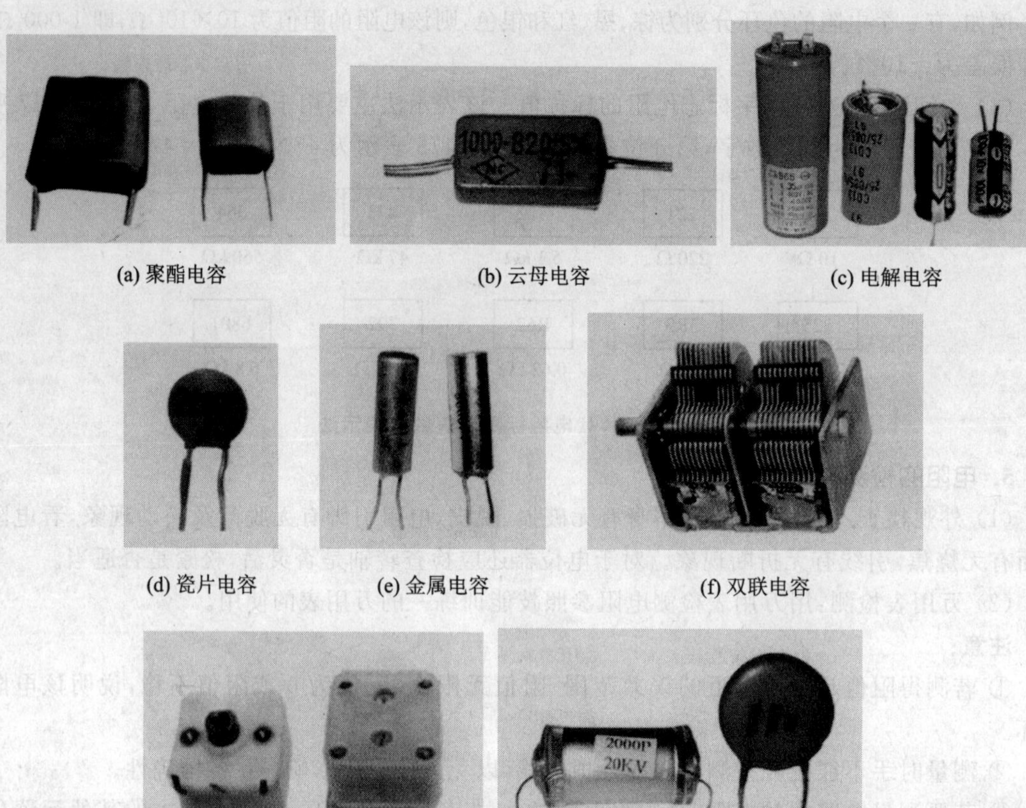

(a) 聚酯电容 (b) 云母电容 (c) 电解电容

(d) 瓷片电容 (e) 金属电容 (f) 双联电容

(g) 双联同调可变电容 (h) 高压电容

图 4－18 常见电容

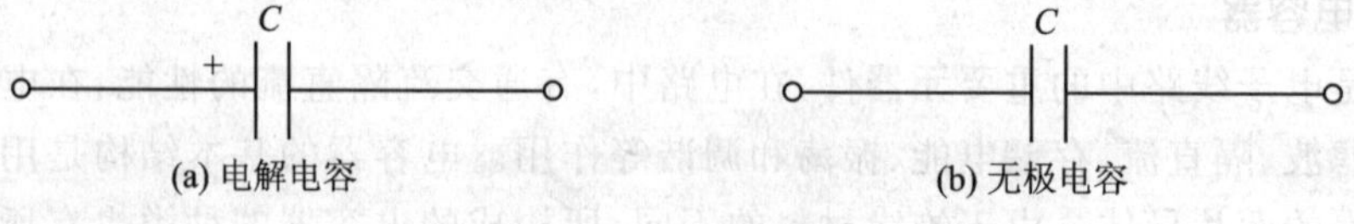

(a) 电解电容 (b) 无极电容

图 4－19 电容符号

例如：CT1 表示圆片形低频瓷介质电容；CJ1 表示非密封金属化纸介质电容。

4. 电容器的标志

(1) 直标法：将电容器的主要技术指标直接标注在电容器表面的一种方法，体积较大的电容器用此方法进行标识。

(2) 文字符号法：用阿拉伯数字和文字符号或两者有规律的组合标注在电容器表面来表示标称容量的方法。例如，2.2 μF 表示为 2μ2，0.56μ F 表示为 μ56。

(3) 数字法：在一些瓷片电容器上，常用三位数字表示标称电容，单位为 pF。三位数字中，前两位表示有效数字；第三位表示倍率，即表示有效值后面“0”的个数，若第三位数字为“9”时，表示 10^{-1}。例如，电容器标注为 103，表示容量为 10×10^{3} pF＝10 000 pF＝0.01 μF。

(4) 色标法：用不同颜色的色环或色点表示电容器的主要参数。方法与电阻的色标法大致相同。

表 4-3　电容器的型号命名方法

第一部分(主称)		第二部分(材料)		第三部分(特征,依种类不同而含义不同)				
符号	含义	符号	含义	符号	瓷介	云母	有机介质	电解
C	电容器	A	钽电解	1	圆形	非密封	非密封	箔式
		B	非极性有机薄膜介质	2	管形(圆柱)	非密封	非密封	箔式
		C	1类陶瓷介质	3	迭片	密封	密封	烧结粉非固体
		D	铝电解	4	多层(独石)	独石	密封	烧结粉固体
		E	其他材料电解	5	穿心		穿心	
		G	合金电解	6	支柱式		交流	交流
		H	复合介质	7	交流	标准	片式	无极性
		I	玻璃釉介质	8	高压	高压	高压	
		J	金属化纸介质	9			特殊	特殊
		L	极性有机薄膜介质	G	高功率			
		N	铌电解					
		O	玻璃膜介质					
		Q	漆膜介质					
		S	3类陶瓷介质					
		T	2类陶瓷介质					
		V	云母纸介质					
		Y	云母介质					
		Z	纸介质					

5. 电容器的检测

(1) 外观检查:观察电容器外表应完好无损,表面无裂口、污垢和腐蚀,标志应清晰;引出电极无折伤;对可调电容器应转动灵活,动定片间无碰、擦现象,各联间转动应同步等。

(2) 无极性电容器的检测:

① 检测 0.01 μF 以上的无极性电容器,可用万用表的 R×10k 挡或 R×1k 挡直接测试电容器有无充电过程以及有无内部短路或漏电,并可根据指针向右偏转的幅度大小估计的电容器的容量。测试方法如图 4-20 所示。测试操作时,先用两笔任意触碰电容的两端,然后调换表笔再碰触一次,如果电容是好的,万用表的指针会向右摆动,随后向左迅速返回到无穷大位置。电容量越大,指针摆幅越大。如果反复调换表笔接触电容两端,万用表指针始终不向右摆动,说明该电容量已经断路。测量中,若指针向右摆动后不能向左回到无穷大位置,说明电容漏电。测量中,若万用表指针一下摆到“0”之后,并不回摆,说明该电容器已经被击穿短路。

② 检测 10 pF～0.01 μF 的电容,检测方法如图 4-21 所示。将万用表放于 R×10k 挡,测一下电容器两引脚间的电阻值,如果没有漏电和短路情况,测电容器的充放电情况,观察万用表指针的摆动情况,摆动幅度越大,说明电容量越大。

③ 检测 10 pF 以下的小容量电容器(如图 4-22 所示)。因 10 pF 以下的固定电容器容量

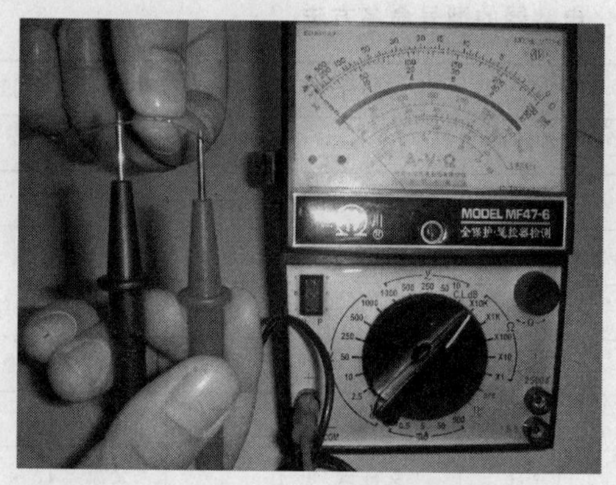

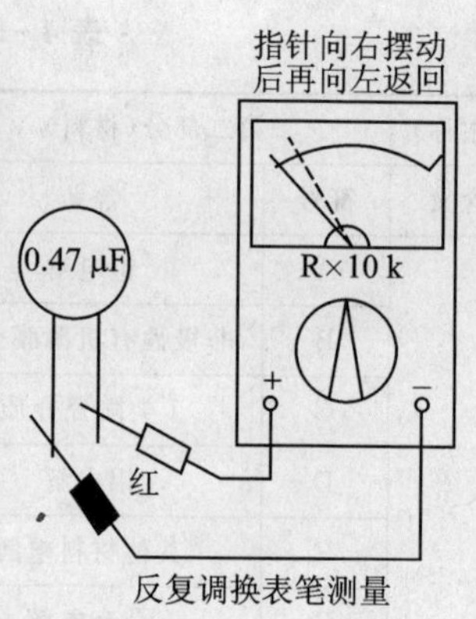

图 4-20　用万用表检测 0.47 μF 无极性电容器

太小，用万用表进行测量，只能定性地检查其是否有漏电、内部短路或击穿现象。测量时，可选用万用表 R×10k 挡，用两表笔分别任意接电容的两个端子，阻值为无穷大，表示正常。如果指示值不是无穷大，则说明该电容器有漏电情况。如果指示值为零，则该电容器已经击穿短路。

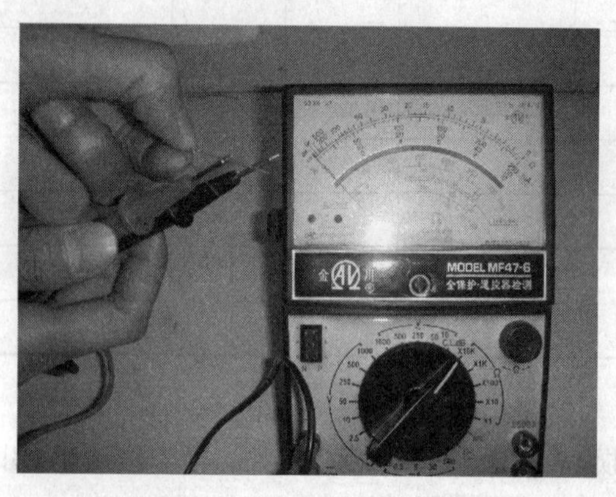

图 4-21　用万用表检测 0.002 2 μF 无极性电容器

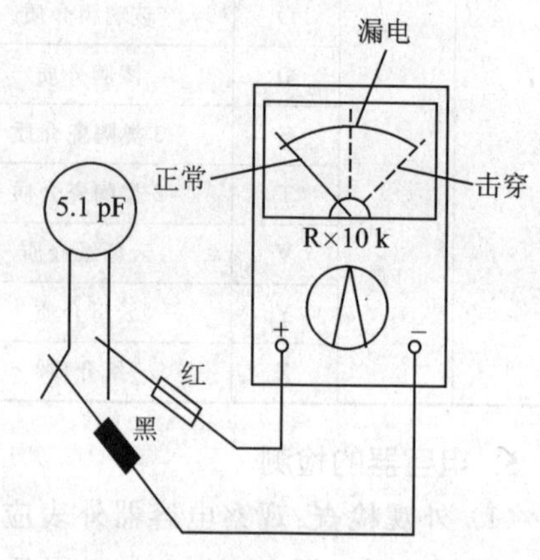

图 4-22　用万用表检测 10 pF 以下的小电容

(3) 电解电容器的检测：电解电容是一种有极性的电容，判断电解电容极性的方法通常有外表观察法和万用表检查法。

① 外表观察法：在电解电容的外壳上会标注“+”、“-”极性符号，由此判断其正负极性，如图 4-23 所示。还可以根据电解电容引脚的长短来判断，长的引脚表示正极性引脚，短的引脚表示负极性引脚。

② 万用表检测法(如图 4-24 所示)：检测 1～47 μF 间的电解电容，可用 R×1k 挡测量；大于 47μF 的电解电容可用 R×100 挡测量。具体检方法如下：先用万用表的红表笔接负极，黑表笔接正极。在刚接触的瞬间，万用表指针即向右较大的幅度，接着逐渐向右回转，直到停在某一位置。此时的阻值便是电解电容的正向漏电电阻。此值越大说明漏电电流越小，电容性能越好。然后，将红黑表笔对调，出现同样现象。此时所测的电阻值为电容器的反向漏电电阻，此值略小于正向电阻。正常情况下，电解电容一般应该在几百千欧以上，否则，将不能正常

工作。在测试中,若正向或反向均无充电现象,则说明电解容量消失或内部断路;如果所测阻值很小或为零,说明电解电容漏电大或已击穿损坏。对于正、负极标志不明的电解电容器,可利用上述测量方法,比较两次测量的电阻值,阻值较大的一次,黑表笔接的是正极,红表笔接的是负极。

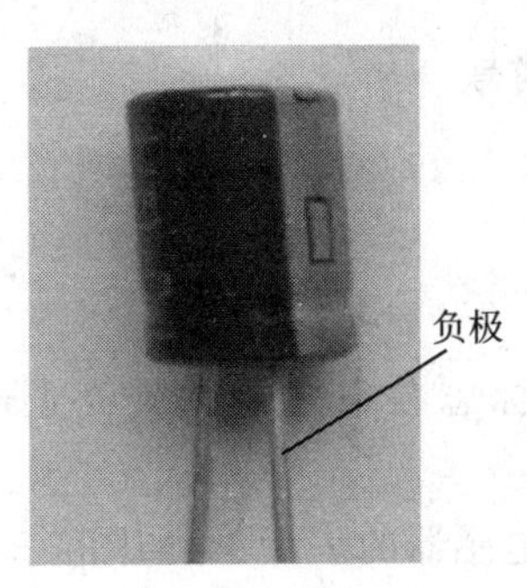

图 4-23　电解电容极性判别

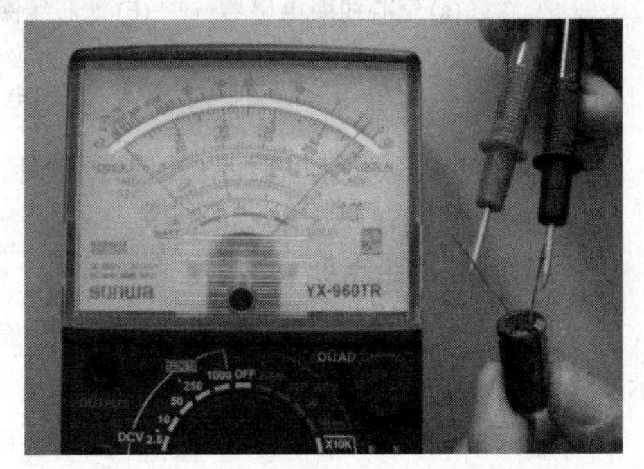

图 4-24　万用表检测电解电容

三、电感器的识别与检测

1. 认识电感器

电感器是根据电磁感应定律制成的,是一种利用电感作用进行能量传输的元件。在电路中主要用于谐振、耦合、匹配、滤波等。电感器有固定电感器和可变电感器;有带瓷心和不带瓷心的电感器;有适应高频和适应低频的电感器等。常用电感器如图 4-25 所示。

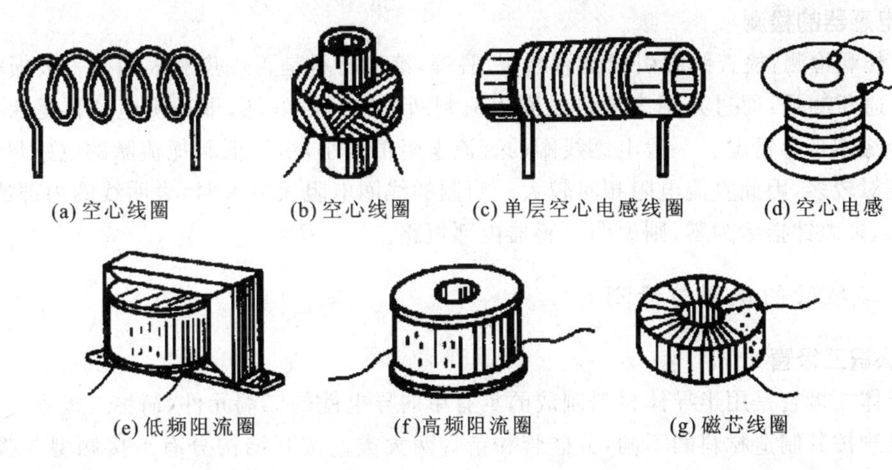

图 4-25　常用电感器

2. 电感器的电路符号

电感器的电路符号如图 4-26 所示。

3. 电感器的命名方法

电感器的型号一般主要由四部分组成:

第一部分:主称,用字母 L 表示电感线圈,ZL 表示阻流圈。

第二部分:特征用字母表示,G 表示高频。

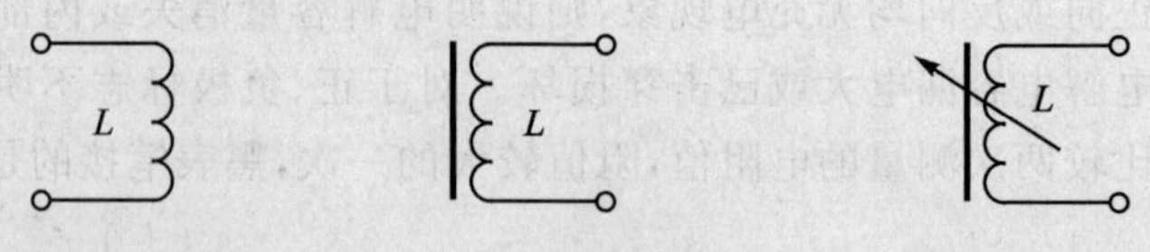

(a) 空心线圈电感器　(b) 铁芯线圈电感器　(c) 带磁芯可变电感器

图 4-26　电感器常用符号

第三部分：型号，用字母表示，X 表示小型。

第四部分：区别代号，用字母表示。

4. 电感器的标志方法

(1) 直标法：用文字将电感线圈的主要参数直接标志在电感圈的外壳上，如图 4-27 所示。

(2) 色标法：将主要参数用不同颜色的色环标志在电感器的表面上，如图 4-28 所示。其标志方法与电阻色环标志方法相同，其单位为 μH。

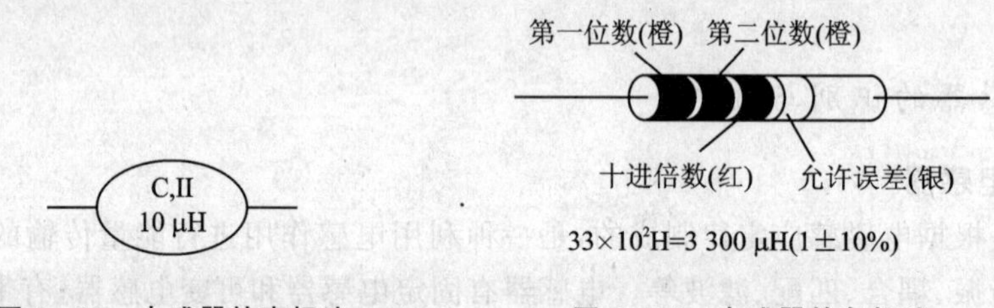

图 4-27　电感器的直标法　　图 4-28　电感器的色标法

5. 电感器的检测

(1) 外观检测：检查线圈引线是否断裂、脱焊，绝缘材料是否烧焦和表面是否破损等。

(2) 通断测量：通过万用表测量线圈阻值判断电感器的好坏，即检测电感器是否有短路、断路和绝缘不良等情况。一般电感线圈的直流电阻值很小，由于低频扼流圈的电感量大，其线圈圈数相对较多，因此直流电阻相对较大。当测的线圈电阻无穷大时，表明线圈内部或引出线已断线；如果表针指示为零，则说明电感器内部短路。

四、二极管的识别与检测

1. 认识二极管

半导体二极管是用半导体材料制成的具有单向导电性的二端元件，简称二极管。

二极管按其制造材料的不同，分硅管和锗管两大类。按其结构分有点接触型二极管和面接触二极管。按用途分有检波、整流、稳压二极管，桥式整流组件，硅堆，开关、发光、光电、变容、隧道二极管等。常用二极管如图 4-29 所示。

2. 二极管的电路符号

二极管的电路符号如图 4-30 所示。

3. 二极管的命名方法

常见二极管表面均标有其型号（用数字或字母组成），我国二极管命名由五部分组成。其命名方法如图 4-31 所示。二极管的命名规则如表 4-4 所列。

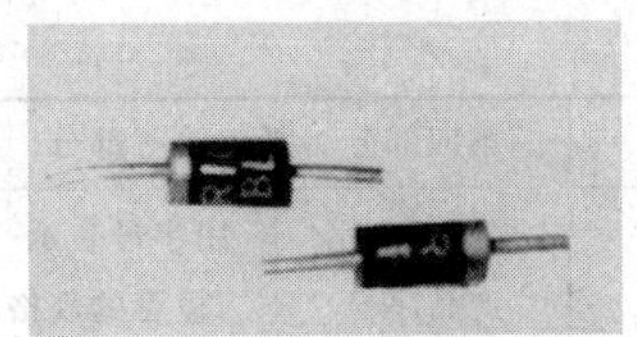
(a) 普通二极管

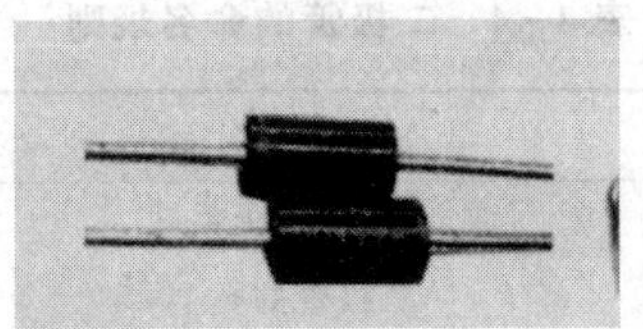
(b) 稳压二极管

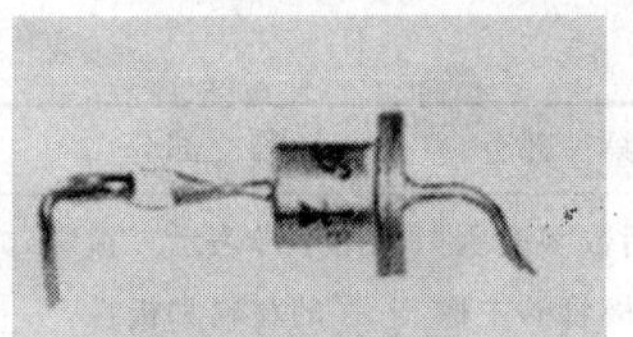
(c) 整流二极管

(d) 发光二极管

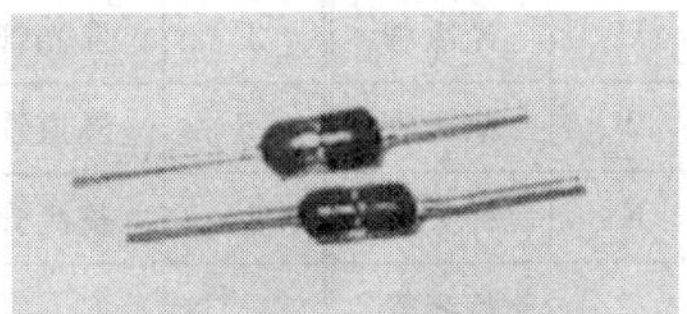
(e) 双向二极管

(f) 双基极二极管

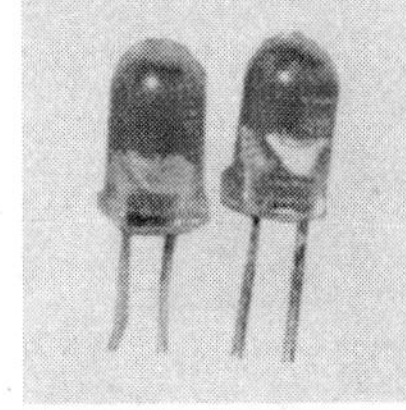
(g) 光电二极管

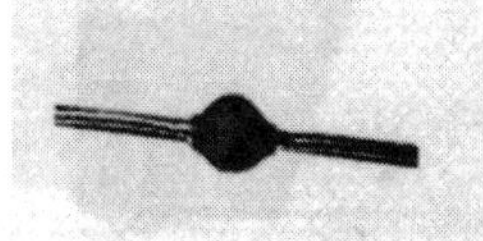
(h) 阻尼二极管

图 4－29　常用二极管

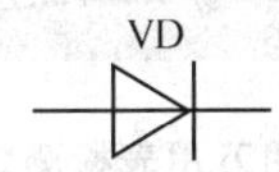

图 4－30　二极管符号

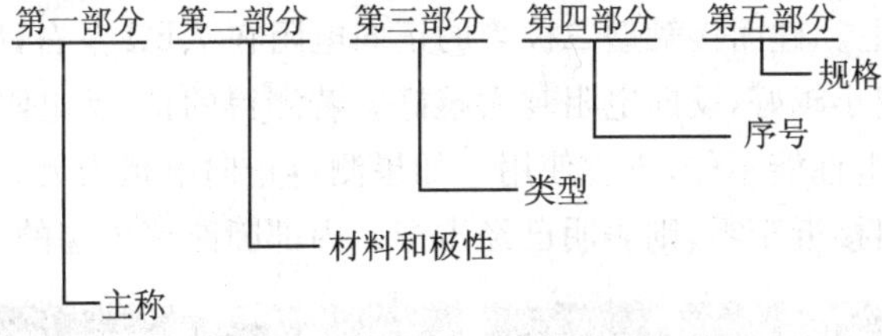

图 4－31　二极管的命名方法

4. 二极管的检测

（1）二极管极性的检测：

① 观察外壳上的符号标记和外壳上的色点，判断二极管极性。

② 用万用表判别二极管极性。将万用表置于 R×1k 挡，先用红、黑表笔任意测量二极管两端子间的电阻值，然后交换表笔再测量一次。如果二极管是好的，测量结果必定出现一大一小。以阻值较小的一次测量为准，黑表笔所接的一端为正极，红表笔所接的另一端则为负极。用万用表检测二极管极性如图 4－32 所示。

表 4－4　二极管的命名规则

第一部分		第二部分		第三部分				第四部分	第五部分
用数字表示二极管的主称		用字母表示二极管的材料和极性		用字母表示二极管的类型				用数字表示产品序号	用字母表示二极管的规格
符号	意义	符号	意义	符号	意义	符号	意义	意义	意义
2	二极管	A	N锗材料	P	普通管	N	阻尼管	反映了直流参数、交流参数、极限参数的差别	反应承受反向击穿电压的程度，规格为 A、B、C、D…依次增加
		B	P锗材料	U	光敏管	F	发光管		
		C	N硅材料	W	稳压管	S	隧道管		
		D	P硅材料	K	开关管	L	整流管		
		E	化合物材料	Z	整流管				

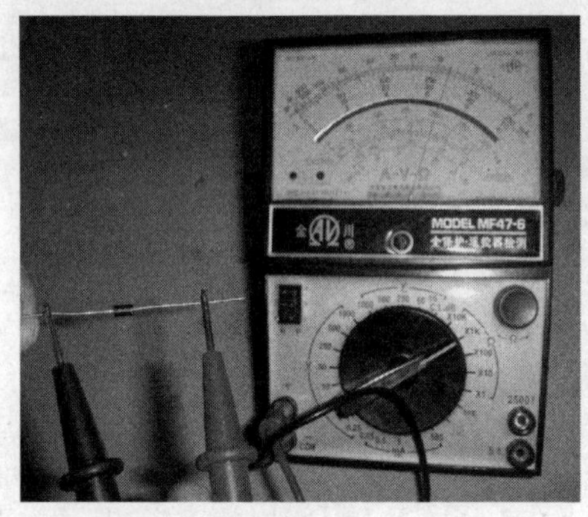

图 4－32　用万用表检测二极管极性

(2) 二极管性能的检测：检测二极管性能的方法如图 4－33 所示。将万用表置于 R×100 挡或 R×1k 挡，测量二极管的正反电阻值，完好的锗点接触型二极管正向电阻在 1 kΩ 左右，反向电阻在 300 kΩ 以上。硅面接触型二极管的正向电阻在 7 kΩ 左右，反向电阻为无穷大。总之，二极管的正向电阻越小越好，反向电阻越大越好。若测得的正、反电阻之比为几十甚至几倍，都表明二极管的单向导电性能不佳，不宜使用。如果测得正向电阻为无穷大，说明二极管的内部断路；若测得的反向电阻接近于零，则表明已经击穿。内部断路或击穿的二极管都不能使用。

(a) 二极管正向测试

(b) 二极管反向测试

图 4－33　万用表检测二极管的性能

五、三极管的识别与检测

1. 认识三极管

三极管也称为半导体晶体管，主要的功能是电流放大和开关作用。三极管具有三个电极，由两个 PN 结构成，共用的一个电极成为三极管的基极(用字母 b 表示)。其他两个电极称为集电极(用字母 c 表示)和发射极(用字母 e 表示)。由于组合方式不同，形成了 NPN 型三极管和 PNP 型三极管。常用三极管如图 4－34 所示。

(a) 普通三极管(9014)

(b) 高频小功率三极管

(c) 低频小功率三极管

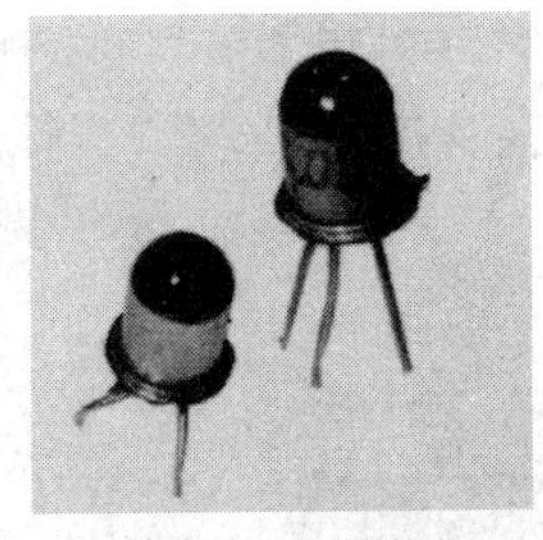

(d) 光电三极管

(e) 大功率三极管

图 4－34　常用三极管

2. 三极管的电路符号

三极管的电路符号如图 4－35 所示。

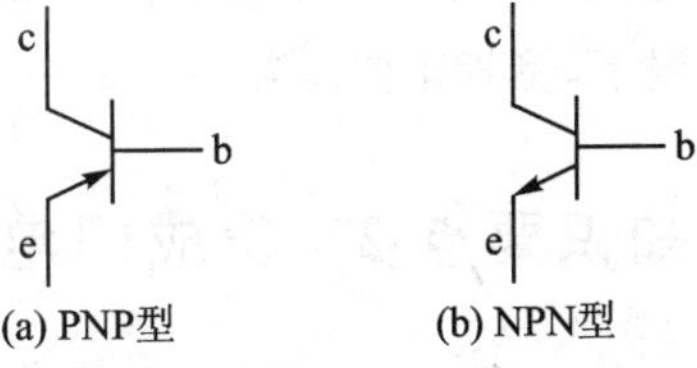

(a) PNP型　(b) NPN型

图 4－35　三极管的电路符号

3. 三极管的命名方法

常见三极管的表面均标有其型号，其命名规则与二极管类似。三极管型号详细命名规则如表 4－5 所列。

4. 三极管的检测

(1) 管型和基极的判别：将万用表置于 R×1 k 挡，调零，用黑(红)表笔接三极管的某一电极，用红(黑)表笔分别接另外两个电极，轮流测试，直到测出的两个电阻都很小为止，则该电极为基极。这时，若黑表笔接基极，则该管为 NPN 管；若红表笔接基极，则该管为 PNP 管。具体测试方法如图 4－36 所示。

(2) 集电极和发射极的判别：对于 NPN 管，用黑表笔找集电极，把黑表笔接到假设的集电极上，红表笔接到假设的发射极上，并用手捏住 b 极和 c 极，测出阻值，然后将红、黑表笔反接重新测量。测得阻值小的那一次，黑表笔所接为三极管的集电极，具体测试方法如图 4－37 所示。对于 PNP 管，用红表笔找集电极，方法同上。

表 4－5　三极管的命名规则

第一部分		第二部分		第三部分		第四部分	第五部分
用数字表示三极管数目		用字母表示材料和极性		用字母表示器件类型		用数字表示序号	用字母表示规格
符号	意义	符号	意义	符号	意义	意义	意义
3	三极管	A	PNP 锗材料	X	低频小功率管	反映了直流参数、交流参数、极限参数的差别	反应承受反向击穿电压的程度，规格为 A、B、C、D…依次增加
		B	NPN 锗材料	G	高频小功率管		
		C	PNP 硅材料	D	低频大功率管		
		D	NPN 硅材料	A	高频大功率管		
				T	闸流管		
		E	化合物材料	U	光电管		
				K	开关管		

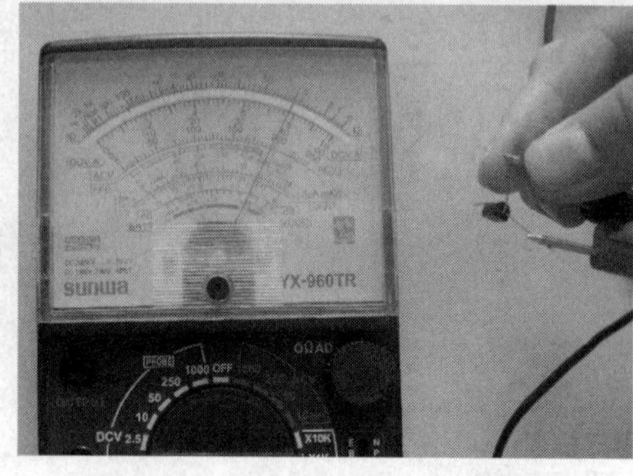

图 4－36　NPN 型三极管基极的判别

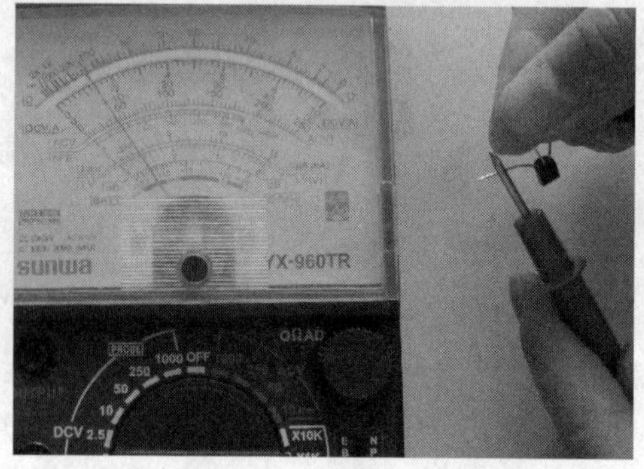

图 4－37　NPN 型三极管集电极的判别

(3) 根据硅管的发射结正向压降大于锗管的正向压降的特点来判断三极管所用材料。一般常温下，锗管正向压降为 0.2～0.3 V，硅管的正向压降为 0.6～0.7 V。

知识要点 2　集成门电路的识别与检测

一、认识集成门电路

集成门电路是最简单和最基本的数字集成器件。任何复杂的组合电路和时序电路都可用逻辑门通过适当的组合连接起来。基本逻辑运算有与、或、非运算，相应的基本逻辑门有与门、或门、非门、与非门、或非门、异或门等。虽然大、中规模集成电路相继问世，但要组成某一个系统时，仍少不了各种门电路。TTL 集成电路由于工作速度快、输出幅度大、种类多、不易损坏等特点而被广泛使用。CMOS 集成电路功耗低、输出幅度大、扇出能力强、电源范围较宽，应用也很广泛。常见的集成门电路如图 4－38 所示。

图 4－38　常用集成门电路

二、集成门电路的电路符号

集成门电路的电路符号如图 4－39 所示。

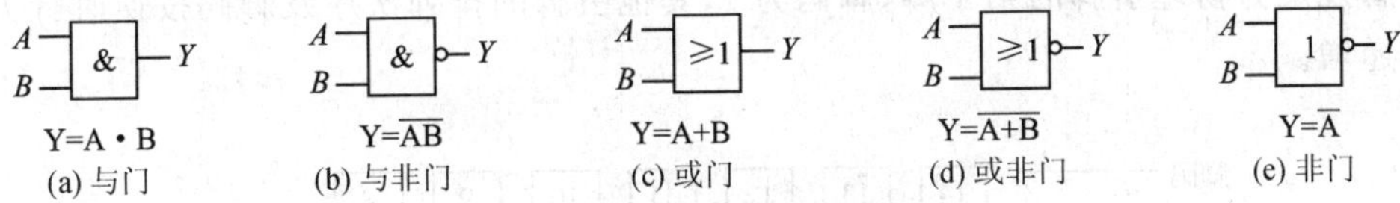

图 4－39　集成门电路的电路符号

三、集成电路型号命名法

近年来，集成电路发展迅速，集成电路的类别、型号层出不穷，国内外各大公司生产的集成电路都已各成系列，因此在使用集成电路时，应查询相应的集成电路手册。国产集成电路的命名方法如表 4－6 所列。

表 4－6　国产集成电路的命名方法

第一部分		第二部分		第三部分		第四部分		第五部分	
用字母表示器件符号		用字母表示器件类型		用数字表示器件的系列和品种代号		用字母表示器件的工作温度/℃		用字母表示器件的封装形式	
符号	意义	符号	意义	符号	意义	符号	意义	符号	意义
C	中国制造	T	TTL 集成电路	根据第二部分的符号和相对应的类型而定，每一类型的集成电路都有一系列的品种代号。例如： （1）CT3020ED 中的 3020 表示为肖特基系列双 4 输入与非门 （2）CC14512MF 中的 14512 表示 8 选 1 数据选择器		C	0～＋75	W	陶瓷扁平封装
		H	HTL 集成电路			E	－40～＋85	B	塑料扁平封装
		E	ECL 集成电路			R	－55～＋85	F	金属扁平封装
		C	CMOS 集成电路			M	－55～＋125	P	塑料直插封装
		F	线性放大器集成电路					D	陶瓷直插封装
		D	音响、电视集成电路					T	金属壳圆形封装
		W	集成稳压电路						
		J	接口电路						
		B	非线性集成电路						
		M	存储器						
		μ	微处理器						

例如，低功耗运输放大器 CF3140CP，其命名意义为：国产塑料双列直插封装 MOS 运算线性放大器，其工作温度范围是 0～75 ℃。

四、集成门电路的识别

1. 集成门电路的引脚识别

集成电路的每一个引脚各对应一个脚码，每个脚码所表示的阿拉伯数字（如 1，2，3，…）是该集成电路物理引脚的排列次序。使用器件时，应在手册中了解每个引脚的作用和每个引脚的物理位置，以保证正确使用和连线。每个双列直插式集成电路都有定位标识，以确定脚码为 1 的引脚。由图 4－40 可见，定位标识有半圆和圆点两种表达形式，最靠近定位标识的引脚规定为物理引脚的第 1 脚，脚码为 1，其他引脚的排列次序及脚码按逆时针方向依次加 1 递增。

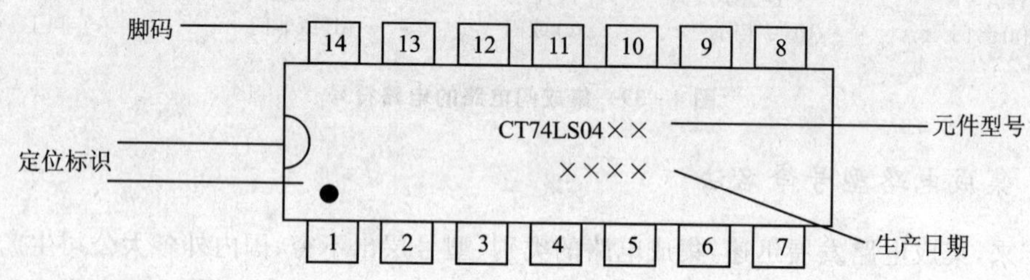

图 4－40　数字集成电路的脚码及型号

2. 集成门电路的型号识别

如图 4－40 所示，每一个 TTL 数字集成电路上都印有该器件的型号，TTL 命名示例如下。

图标示例：CT74LS04C（或 M）J（或 D 或 P 或 F）

说明：

(1) C：中国。

(2) T：TTL 集成电路。

(3) 74：国际通用 74 系列（如果是 54，则表示国际通用 54 系列）；LS：低功耗肖特基电路；04：器件序号（04 为六反相器）。

(4) C：商用级（工作温度 0～70℃）；M：－55～125℃（只出现在 54 系列）。

(5) J：黑瓷低熔玻璃双列直插封装；D：多层陶瓷双列直插封装；P：塑料双列直插封装；F：多层陶瓷扁平封装。

如果将型号中的 CT 换为国外厂商缩写字母，则表示该器件为国外相应产品的同类型号。例如，SN 表示美国得克萨斯公司，DM 表示美国半导体公司，MC 表示美国摩托罗拉公司，HD 表示日本日立公司。

集成电路元件型号的下方有一组表示生产日期的阿拉伯数字，注意不要将元件型号与生产日期混淆。

训练1　常用电子元器件的识别与测试技能训练

一、训练目标

1. 提高专业意识，培养良好的职业道德和职业习惯。

2. 熟悉电阻、电容、电感、二极管、三极管的各种外形结构，掌握其标志方法。

3. 掌握用万用表测量电阻的阻值并计算电阻的实际偏差，判断电阻元件的好坏。

4. 学会用万用表检测判断电容引脚的正负极、测量电容的漏电阻及判断电容元件的好坏。

5. 学会用万用表检测并判断电感的好坏。

6. 学会用万用表判断半导体二极管的极性和好坏。

7. 学会用万用表判别三极管的管脚和管型。

8. 培养团队意识和敬业精神。

二、训练设备工具器材

万用表，色环电阻若干，各种电容器若干，电感器，各类二极管，各类三极管。

三、训练内容

1. 按人数分组，确定每组的组长。

2. 以小组为单位，根据色环识读电阻器、电容器、电感器，用万用表测量出电阻值，判断电容器的好坏和电感器的好坏。

3. 以小组为单位，识别半导体二极管；用万用表测三极管，判断三极管的管脚和管型。

技能考核单

评价类别	考核项目	考核标准	配分/分	得　分
专业能力	电阻的识读和测量	读数和测量正确	20	
	电容的识读和好坏的检测	读数和测量正确	20	
	电感的检测	读数和测量正确	10	
	二极管极型的判别	判断正确	10	
	三极管管脚的判别和管型的判别	判断正确	20	
社会能力	团结协作	小组成员之间合作良好	8	
	敬业精神	遵守纪律，具有爱岗敬业、吃苦耐劳精神	7	
方法能力	计划和决策能力	计划和决策能力较好	5	

训练2 集成门电路芯片的识别与测试技能训练

一、训练目标

1. 提高专业意识，培养良好的职业道德和职业习惯。
2. 掌握集成门电路的识别方法和逻辑功能测试方法。
3. 培养团队意识和敬业精神。

二、训练设备工具器材

74LS00、74LS20、74LS08、74LS86、74LS32 等集成芯片，万用表，数字实验箱。

三、训练内容

1. 按人数分组，确定每组的组长。
2. 以小组为单位，对集成门电路的芯片引脚进行识别；同时对所给定的集成芯片进行逻辑功能测试，并在数字实验箱中实现简单的组合逻辑电路和时序逻辑电路。

技能考核单

评价类别	考核项目	考核标准	配分/分	得 分
专业能力	判断芯片引脚功能	判断准确	20	
	74LS00 逻辑功能测试	判断准确	30	
	74LS20 逻辑功能测试	判断准确	30	
社会能力	团结协作	小组成员之间合作良好	8	
	敬业精神	遵守纪律，具有爱岗敬业、吃苦耐劳精神	7	
方法能力	计划和决策能力	计划和决策能力较好	5	

任务3　焊接技能训练

工作任务单

序　号	任务名称	任务目标
1	电烙铁的使用	学会正确使用电烙铁
2	手工焊接的工艺要求	掌握手工焊接的工艺要求
3	手工焊接的操作方法	掌握手工焊接的操作技巧

材料工具单

项　目	名　称	数　量	型　号	备　注
所用工具	电烙铁			
	烙铁架			
所用仪表	数字万用表	每组一块		
所用材料	电阻			
	电容			
	二极管			
	三极管			
	集成芯片			
所用设备	电子产品装配生产线			

知识要点1　焊接工具与材料

在电子产品装配过程中，焊接是将组成产品的各电子元器件、导线、印制电路板等牢固的连接在一起的主要手段。

一、焊接工具

电烙铁是手工焊接的主要工具，选择合适的烙铁，合理地使用它，是保证焊接质量的基础。常见的电烙铁如图4－41所示。

1. 电烙铁的分类

常见的电烙铁分为内热式、外热式、恒温式和吸锡式。

(1) 内热式电烙铁：具有发热快、体积小、重量轻、效率高等特点。常用内热式电烙铁的规格有20 W、35 W、50 W、75 W、100 W等。20 W烙铁头的温度可达350 ℃左右。电烙铁的功率越大，烙铁头的温度就越高，焊接的元件可大一些。焊接集成电路和小型元器件选用20 W

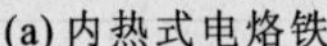

(a) 内热式电烙铁

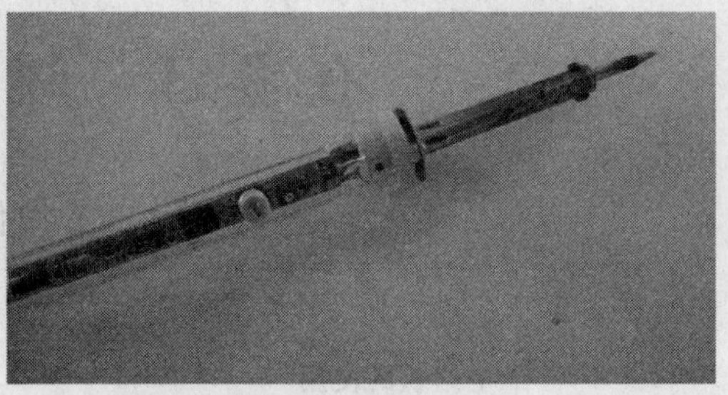

(b) 外热式电烙铁

图 4-41　电烙铁

内热式电烙铁即可。使用的电烙铁功率过大，容易将元件烫坏（当温度超过 200 ℃时，二极管和三极管等半导体元器件就会被烧坏），并使印制板上的铜箔焊盘脱落；电烙铁的功率太小，就不能使被焊元件引脚和焊盘充分加热而导致虚焊。

(2) 外热式电烙铁：功率比较大，常用的规格有 35 W、45 W、75 W、100 W 等，适于焊接较大的器件。它的烙铁头可以被加工成各种形状以适应不同焊接面的需要。

(3) 恒温式电烙铁：烙铁头温度可以控制，烙铁头可以始终保持在某一设定的温度，其工作原理是在恒温电烙铁头内装有磁铁式的温度控制器，通过控制通电时间而实现温度控制。恒温电烙铁采用断续加热，耗电少，温升速度快，在焊接过程中焊锡不易氧化，可减少虚焊，提高焊接质量，烙铁头也不会产生过热现象，使用寿命较长。根据控制方式不同，恒温电烙铁可分为电控恒温电烙铁和磁控恒温电烙铁。

(4) 吸锡式电烙铁：是拆除焊件的专用工具，可将焊接点上的焊锡熔化后吸除，使元件的引脚与焊盘分离。操作时，先将烙铁加热，再将烙铁头放到焊点上，待焊接点上的焊锡熔化后，按动吸锡开关，即可将焊点上的焊锡吸入腔内，这个步骤有时要反复进行几次才能将一个焊点拆除。

2. 电烙铁的使用

(1) 安全检查：先用万用表检查烙铁的电源线有无短路和开路，测量烙铁是否有漏电现象，检查电源线的装接是否牢固，固定螺丝是否松动，手柄上的电源线是否被螺丝顶紧，电源线的套管有无破损等。

(2) 新烙铁头的处理：新买的烙铁一般不能直接使用，要先将烙铁头进行“上锡”后方能使用。“上锡”的具体操作方法是：将电烙铁通过电加热，趁热用锉刀将烙铁头上的氧化层锉掉，在烙铁头的新表面上熔化带有松香的焊锡，直至烙铁头的表面薄薄地镀上一层锡为止。

(3) 使用注意事项：旋转电烙铁的手柄盖时不可使电线随着柄盖扭转，以免电源线在接头部位造成短路。在使用过程中不要敲击电烙铁，烙铁头上过多的焊锡不得随意乱甩，要在松香上或湿软布上将焊锡擦除。在使用一段时间后，应当将烙铁头取出，除去外表上的氧化层。取烙铁头时切勿用力扭动，以免损坏烙铁芯。

3. 其他焊接工具

(1) 尖嘴钳：主要作用是在连接点上夹持导线或元件引线，也用来对元件引脚加工成型。

(2) 斜口钳：主要用于切断导线和剪掉元器件过长的引线，不要用斜口钳剪切螺钉和较粗的钢丝，以免损坏钳口。

(3) 镊子：主要用途是镊取微小器件，在焊接时夹持被焊件以防止其移动并帮助散热。

(4) 螺丝刀:主要用于拧动螺钉及调整元器件的可调部分。

(5) 小刀:主要用来刮去导线和元件引线上的绝缘物和氧化物,使之易于上锡。

二、焊接材料

1. 焊　料

焊料是易熔金属及其合金,它的作用是将焊接件连接在一起。一般要求焊料熔点低,熔融时具有较好的流动性和浸润性,凝固时间短,凝固后外观好,有足够的机械强度,具有良好导电性和抗腐蚀性。

在电子产品生产中,一般都选用锡铅焊料,俗称焊锡。手工焊接经常使用线状焊料,即焊锡丝,有的焊锡丝在丝的中心加入助焊剂——特级松香,称为松香焊锡丝。

2. 助焊剂

助焊剂是锡铅焊接中所必需的辅助材料。它有助于清洁被焊表面,防止氧化,增加焊料的流动性,使焊点易于形成。电子线路的焊接通常都采用松香或松香酒精焊剂。

3. 阻焊剂

在焊接中,为了提高焊接质量,需要耐高温的阻焊涂料,将不需要焊接的部分保护起来,使焊料只在需要的焊点上进行焊接,这种阻焊涂料就叫做阻焊剂。

阻焊剂的作用是防止桥接、短路及虚焊等现象的出现,对高密度印制电路板尤为重要;保护元器件和集成电路;节约焊料;还可以使用带色彩的阻焊剂,以起到美化印制板的作用。阻焊剂的种类有热固化型阻焊剂、紫外线光固化型阻焊剂和电子辐射固化型阻焊剂等几种。目前常用的是紫外线固化型阻焊剂,也称为光敏阻焊剂。

知识要点2　手工焊接工艺

一、焊接工艺要求

1. 焊点要有足够的机械强度

为保证被焊件在受到振动或冲击时不脱落、不松动,要求焊点要有足够的机械强度,一般采用把被焊元件的引线端子弯曲后再焊接的方法。但不能使过多的焊料堆积,这样容易造成虚焊、焊点间的短路。

2. 焊点可靠,导电性能良好

为使焊点具有良好的导电性能,必须防止虚焊。虚焊是焊料与被焊物表面没有形成合金结构,只是依附在被焊金属的表面上。

3. 焊点表面要光滑、清洁

为使焊点表面光滑、清洁、整齐,不但要有熟练的焊接技能,而且要选择合适的焊料和焊剂,否则将使焊点表面出现粗糙、拉尖、棱角等现象。

二、合格焊点的标准与检查

1. 合格焊点的标准

(1) 焊点表面明亮、平滑有光泽,对称于引线,无针眼、无砂眼、无气孔;

(2) 焊锡充满整个焊盘,形成对称的焊角;

(3) 焊接外形应以焊件为中心,均匀、成裙状拉开;

(4) 焊点干净,见不到焊剂的残渣,在焊点表面应有薄薄的一层焊剂;

(5) 焊点上没有拉尖。

2. 合格焊点的检查

(1) 目测法:用眼睛观看焊点的外观质量及电路板整体的情况是否符合外观检验标准,即检查各焊点是否有漏掉、连焊、桥接、焊料飞溅以及导线或元器件绝缘的损伤等焊接缺陷。

(2) 手触法:用手触摸元器件(不是用手触摸焊点),对可疑焊点也可以用镊子轻轻牵拉引线,观察焊点有无异常。这种方法对发现虚焊和假焊特别有效,可以检查有无导线断线、焊盘脱落等缺点。

知识要点3 手工焊接的操作技巧

一、手工焊接的操作方法

手工焊接的方法有五步焊接法和三步焊接法。

1. 五步焊接法

五步焊接法如图4-42所示。

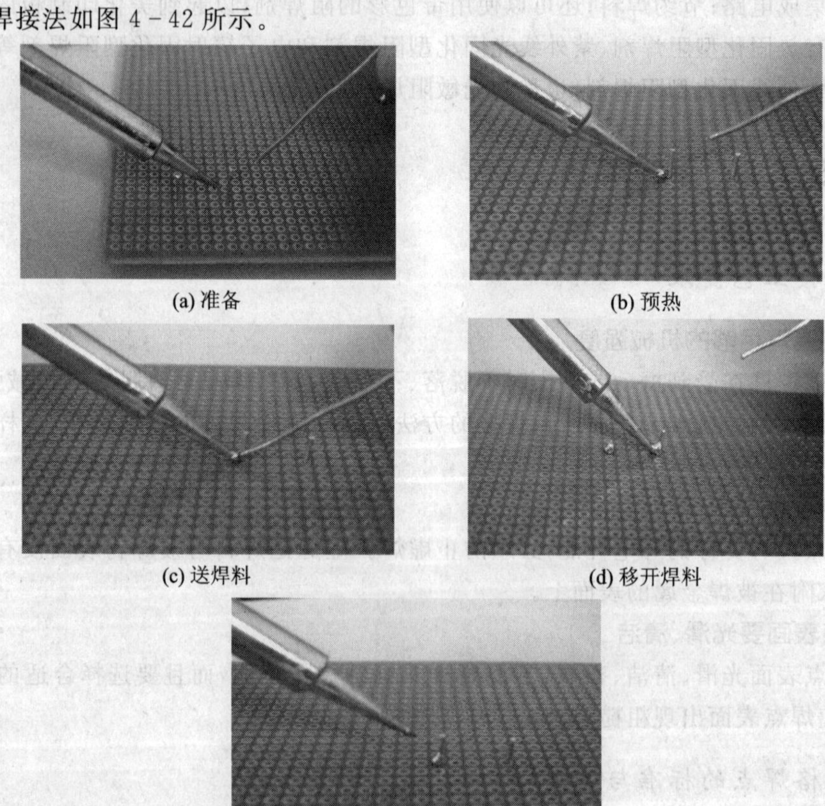

(a) 准备　(b) 预热　(c) 送焊料　(d) 移开焊料　(e) 撤去电烙铁

图4-42 五步焊接法

(1) 准备施焊:右手送上已沾好银白色锡的烙铁头焊点,左手拿焊锡丝,然后同时移向待焊点,随时准备焊接,如图 4-42(a)所示。

(2) 加热焊件:把烙铁头放在待焊件需加热部位进行加热。例如,图 4-42(b)中导线和接线都要均匀受热。

(3) 送入焊丝:加热焊件达到一定温度后,将左手中的焊锡丝从烙铁对面接触焊锡件(而不是烙铁),如图 4-42(c)所示。

(4) 移开焊丝:当焊锡丝熔化一定量后,立即撤离焊锡丝,如图 4-42(d)所示。

(5) 移开烙铁:焊锡浸润焊盘或焊件的施焊部位后,移开烙铁,如图 4-42(e)所示。

2. 三步焊接法

(1) 准备阶段:右手持电烙铁,左手拿焊锡丝并与电烙铁靠近,处于随时可以焊接的状态。

(2) 加热待焊部位并熔化适量的焊料:在焊盘的两侧同时放上烙铁头和焊锡丝,并熔化焊锡丝。

(3) 撤离烙铁和焊锡丝:当焊锡丝的扩散范围达到要求时,迅速拿开烙铁和焊锡丝。撤离时,焊锡丝要略微早于烙铁头。

二、手工焊接的操作要点

要保证手工焊接的质量,在手工焊接的操作过程中必须掌握以下要点。

1. 做好焊前准备

焊接前,根据被焊物的大小,准备好相应的焊接工具和材料。如电烙铁、镊子、斜口钳、尖嘴钳、焊料、焊剂、元器件等。清洁元器件及工作台面,做好元器件的引脚成型及导线端头的处理工作。

2. 掌握电烙铁加热焊点的方法及焊料的供给方法

在焊接时,电烙铁必须同时对连接点上的若干个被焊金属加热,电烙铁接触焊点的位置如图 4-43 所示。

焊料的供给方法如图 4-44 所示,通常是一手(右手)拿电烙铁加热被焊件,一手(左手)拿焊料送往被焊点。其操作方法是:先对焊点加热,当被焊件加热到一定的温度时,用左手的拇指和食指轻轻捏住松香芯焊锡丝(端头留出 3~5 cm),先在图 4-44 的①处(烙铁头与焊接件的结合处)供给少量焊料,然后将焊锡丝移到②处(距烙铁头加热到最远点)供给合适的焊料,直到焊料润湿整个焊点时便可撤去焊锡丝。

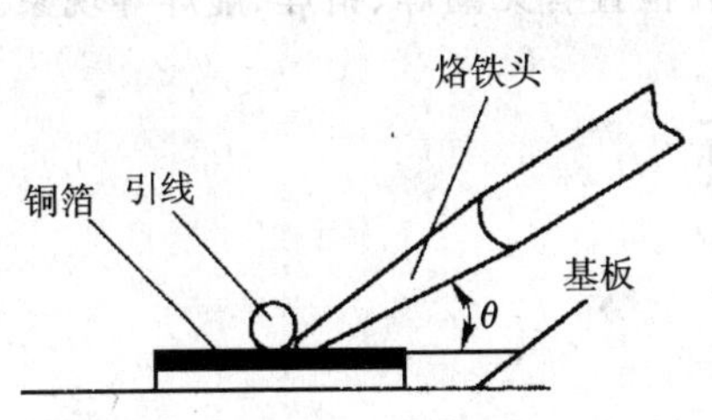

图 4-43 电烙铁接触焊点的位置

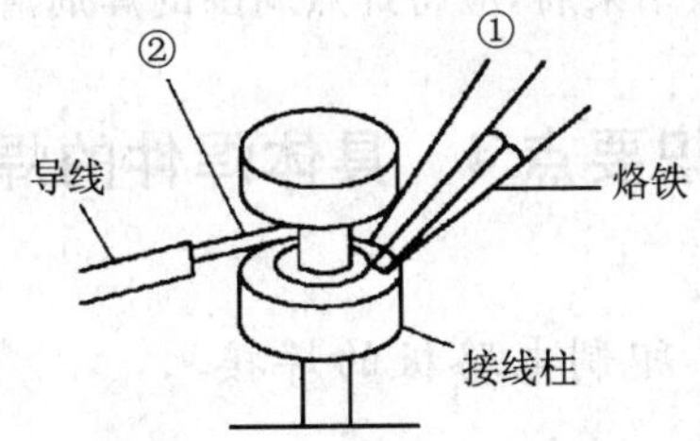

图 4-44 焊料的供给方法

注意:焊接过程中,不要使用烙铁头作为运载焊锡的工具。因为处于焊接状态的烙铁头的温度很高,一般都在 350 ℃以上,用烙铁头熔化焊锡后运送到焊接面上焊接时,焊锡丝中的助

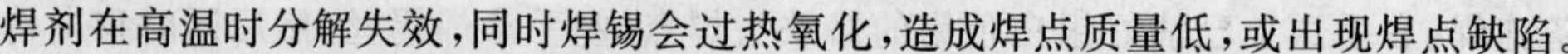

焊剂在高温时分解失效，同时焊锡会过热氧化，造成焊点质量低，或出现焊点缺陷。

3. 选择合适的电烙铁撤离方法

焊接结束时，要注意电烙铁的撤离方向。因为电烙铁除了具有加热作用外，还能够控制焊料的留存量。如图 4-45 所示为电烙铁撤离方向与焊料留存量的关系。

图 4-45(a)中，电烙铁以 45°的方向撤离，焊点圆滑，带走少量焊料。

图 4-45(b)中，电烙铁垂直向上撤离，焊点容易拉尖。

图 4-45(c)中，电烙铁以水平方向撤离，带走大量焊料。

图 4-45(d)中，电烙铁沿焊点向下撤离，带走大部分焊料。

图 4-45(e)中，电烙铁沿焊点向上撤离，带走少量焊料。

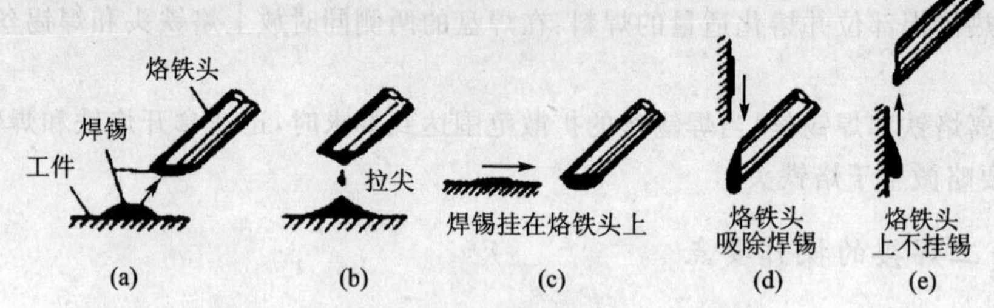

图 4-45　电烙铁的撤离方向与焊料的留存量

掌握上述撤离方向，就能控制焊料的留存量，使每个焊点都符合要求。

4. 掌握合适的焊接时间和温度

掌握合适的焊接时间和温度，可以保证形成良好的焊点。温度太低，焊锡的流动性差，在焊料和被焊金属的界面难以形成合金，不能起到良好的连接作用，并会造成虚焊(假焊)的结果；温度过高，易造成元器件损坏，印制板上铜箔脱落，还会加速焊剂的挥发，被焊金属表面氧化，造成焊点夹渣而形成缺陷。

焊接的温度与电烙铁的功率、焊接的时间、环境温度有关。保证合适的焊接温度，可以通过选择电烙铁和控制焊接时间来调节。电烙铁的功率越大，产生的热量越多，升温速度越快；焊接的时间越长，温度越高；环境温度越高，散热越慢。真正掌握焊接的最佳温度，获得最佳的焊接效果，还须进行严格的训练，要在实际操作中去体会。

5. 焊接后的处理

焊接结束后，应将焊点周围的焊剂清洗干净，并检查有无漏焊、错焊、虚焊等现象。

知识要点 4　具体焊件的焊接技巧

一、印制电路板的焊接

印制电路板在焊接之前，必须仔细检查有无断路、短路、是否涂有助焊剂或阻焊剂等，否则会给整机调试带来许多意想不到的麻烦。

焊接前，应对印制板上所有的元器件做好焊前准备工作(整形、镀锡)。焊接时，除特别要求，一般应先焊小的元器件，后焊大的和要求比较高的元器件。三极管不耐高温，一般放在最

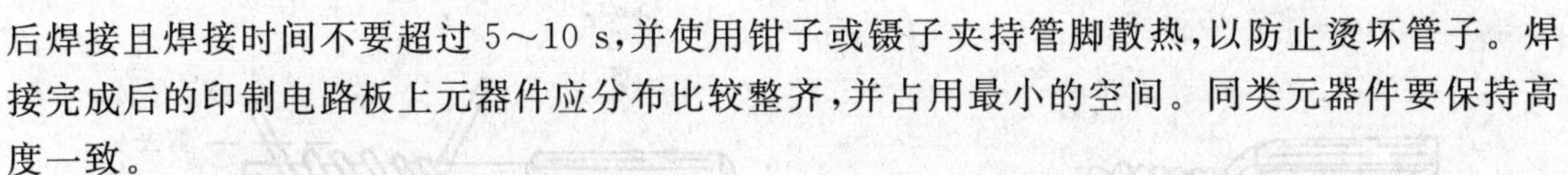

后焊接且焊接时间不要超过 5～10 s，并使用钳子或镊子夹持管脚散热，以防止烫坏管子。焊接完成后的印制电路板上元器件应分布比较整齐，并占用最小的空间。同类元器件要保持高度一致。

焊接时可采用对准焊接点、接触焊接点、移开焊锡丝和拿开烙铁头的三步焊接法。在连续焊接时，因每焊完一个焊接点后烙铁头上剩下少量焊锡和未完全挥发的焊剂，可以取消第一个步骤，直接逐个地用烙铁头和焊锡丝接触焊点完成焊接。

焊接结束后，要检查有无漏焊、虚焊现象。方法是用镊子将每个元件脚轻轻提看是否摇动，若发现摇动，说明焊接不牢固，应重新焊好。用松香作为助焊剂的，焊接完成后需将其清理干净；用无机助焊剂涂过的焊点，焊接完成后一定要将焊接部位擦洗干净，以免腐蚀电路板。

二、集成电路的焊接

MOS 型集成电路，特别是绝缘栅型电路，由于输入阻抗很高，稍不慎就会因内部击穿而损坏；双极型集成电路由于内部集成度高，管子隔离层很薄，一旦受热过度也容易损坏。因此，焊接时必须非常小心。

集成电路的安装焊接有两种方式：一种是集成电路板直接与印制板焊接；另一种是将专用的插座（IC 插座）焊接在印制板上，然后将集成电路板插入 IC 插座上。

在焊接集成电路时，应注意以下几点：

(1) 集成电路引线如果是镀金的，不要用刀刮，用干净的橡皮擦干净就可以了。

(2) 对 CMOS 集成电路，如果已将各引线短路，焊前不要拿掉短路线。

(3) 焊接时间在保证浸润的前提下，应尽可能短。每个焊点的焊接尽量控制在 3 s 内完成，最多不要超过 10 s。

(4) 最好使用 20 W 内热式电烙铁，接地线应保证接触良好。若用外热式电烙铁，最好是在电烙铁断电后，用余热焊接，必要时还要采取人体接地等措施。

(5) 使用低熔点焊剂，温度一般不要高于 150 ℃。

(6) 工作台上如果铺有橡胶、塑料等易于积累静电的材料，集成芯片及印刷板等则不宜放在台面上。

三、导线焊接

导线同导线之间的焊接有三种基本形式：绕焊、钩焊、搭焊。通常，导线之间的焊接以绕焊为主，如图 4-46(a)与(b)所示，操作步骤如下：

(1) 去掉一定长度的绝缘皮，端头上锡。

(2) 绞合，施焊。

(3) 趁热套上套管，冷却后套管固定在接头处。

对调试或维修中的非生产用临时线，也可采用搭焊的办法，如图 4-46(c)所示。

四、片状焊件的焊接方法

为了使元器件或导线在焊片上焊牢，需将导线插入焊片孔内绕住，然后再用电烙铁焊好，不应搭焊。如果焊片上焊的是多股导线，最好先套上套管再焊接点，使其不易和其他部位短路，又能保护多股导线不容易散开。

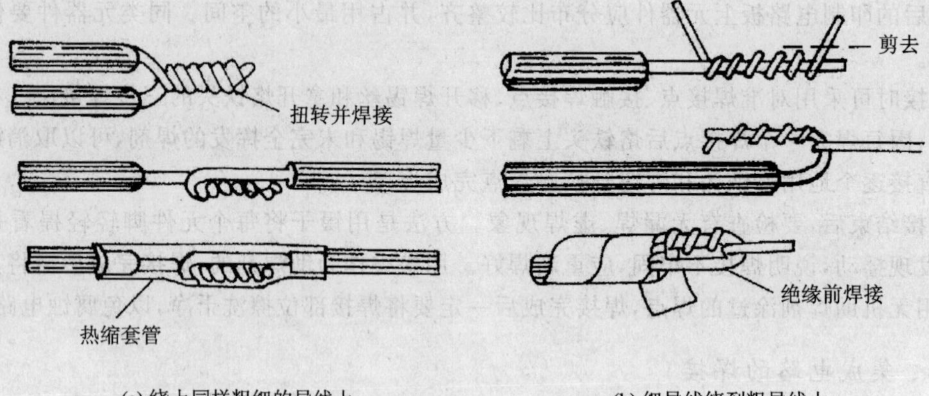

(a) 绕上同样粗细的导线上　　　　(b) 细导线绕到粗导线上

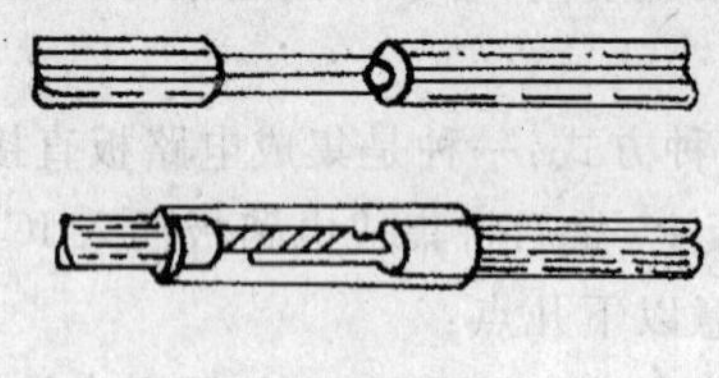

(c) 导线搭焊

图 4－46　导线与导线的连接

知识要点 5　拆焊技术

在电子产品组装、调试、维修过程中，由于焊接错误或元器件的损坏，需要对元器件进行更换。在更换元器件时就要使用拆焊。如果拆焊方法不当，会造成元器件损坏、印制电路板断裂或铜箔脱离基板等故障。掌握正确的拆焊方法能保障电子产品组装、调试、维修工作的顺利进行。

一、拆焊的操作要领

1. 严格控制加热的时间与温度。一般元器件及导线绝缘层的耐热性较差，受热易损器件对温度更是十分敏感。在拆焊时，如果时间过长、温度过高会烫坏元器件，甚至会使印制电路板焊盘翘起或铜箔脱落，进而会给继续装配造成麻烦。

2. 拆焊时不要用力过猛。塑料密封器件、瓷器件和玻璃端子等在加热情况下，强度都有所降低，拆焊时用力过猛会引起元器件和引线脱离或铜箔与印制电路板脱离。

3. 不要强行拆焊。不要用电烙铁去撬或晃动连接点，不允许用拉动、摇动或扭动等办法强行拆除焊接点。

二、拆焊的方法

各类焊点的拆焊方法和注意事项如表 4－7 所列。

表 4-7　各类焊点的拆焊方法和注意事项

焊点类型	拆焊方法	注意事项
引线焊点的拆焊	首先用烙铁头去掉焊锡，然后用镊子撬起引线并抽出。如引线用缠绕的焊接方法，则要将引线用工具拉直后再抽出	撬、拉引线时不要用力过猛，也不要用烙铁头乱撬，要先弄清引线的方向。注意拆焊时加热时间不要过长，避免引线绝缘层损坏
引脚不多的元器件焊点的拆焊	采用分点拆焊法，用电烙铁直接进行拆焊。一边用电烙铁对焊点加热至焊锡熔化，一边用镊子夹住元器件的引线，轻轻地将其拉出来。对印制电路板上的原焊点位置进行清理，整理拆出的导线端头，调直元器件的引线，以备重新焊接	这种方法不宜在同一焊点上多次使用，因为印制电路板上的铜箔经过多次加热后很容易与绝缘板脱离而造成电路板的损坏
有塑料骨架的元器件的拆焊	因为这些元器件的骨架不耐高温，所以可以采用间接加热拆焊法。拆焊时，先用电烙铁加热除去焊接点焊锡，露出引线的轮廓；再用镊子或铜针挑开焊盘与引线间的残留焊锡；最后用烙铁头对已挑开的个别焊点加热，待焊锡熔化时，趁热拔下元器件	不可长时间对焊点加热，防止塑料骨架变形
焊点密集的元器件的拆焊	采用空心针管：使用电烙铁除去焊接点焊锡，露出引脚的轮廓。选用直径合适的空心针管，将针孔对准焊盘上的引脚。待电烙铁将焊锡熔化后迅速将针管插入电路板的焊孔并左右旋转，这样元器件的引线便和焊盘分开了 优点：引脚和焊点分离彻底，拆焊速度快。很适合体积较大的元器件和管脚密集的元器件的拆焊 缺点：不适合如双联电容器引脚呈扁片状元器件的拆焊；不适合像导线这样不规则引脚的拆焊	(1) 选用针管的直径要合适。直径小了引脚插不进；直径大了，在旋转时很容易使焊点的铜箔和电路板分离而损坏电路板。 (2) 在拆焊中频变压器(俗称中周)、集成电路等管脚密集的元器件时，应首先使用电烙铁除去焊接点焊锡，露出引脚的轮廓。以免连续拆焊过程中残留焊锡过多而对其他管脚拆焊造成影响。 (3) 拆焊后若有焊锡将引线插孔封住，可用铜针将其捅开
	采用吸锡电烙铁：吸锡电烙铁具有焊接和吸锡的双重功能。在使用时，只要把烙铁头靠近焊点，待焊点熔化后按下按钮，即可把熔化的焊锡吸入储锡盒内	
	采用吸锡器：吸锡器本身不具备加热功能，它需要与电烙铁配合使用。拆焊时先用电烙铁对焊点进行加热，待焊锡熔化后撤去电烙铁，再用吸锡器将焊点上的焊锡吸除	撤去电烙铁后，吸锡器要迅速地移至焊点吸锡，避免焊点再次凝固而导致吸锡困难

训练 1　手工焊接技能训练

一、训练目标

1. 提高专业意识，培养良好的职业道德和职业习惯。

2. 掌握手工焊接的基本方法和步骤。

3. 培养团队意识和敬业精神。

二、训练设备工具器材

电烙铁、烙铁架、尖嘴钳、镊子、斜口钳、小刀、印制电路板、松香、橡皮擦、细砂纸等。

三、训练内容

1. 按人数分组，确定每组的组长。

2. 以小组为单位，在二连或三连万能实验印刷板上焊接电阻、电感、电容、半导体元件及集成电路芯片。要求：焊接过程中严格遵循手工焊接操作步骤和操作要求，焊接点应大小均匀、有光泽、无毛刺、无虚焊、无漏焊、无桥接等现象。

技能考核单

评价类别	考核项目	考核标准	配分/分	得 分
专业能力	电阻、电容的焊接	元器件外观整形符合技术要求	15	
	半导体的焊接	按五步法进行焊接	25	
	集成电路的焊接	焊接点大小均匀、有光泽、无虚焊、无毛刺	30	
	工具使用	正确使用电烙铁	10	
社会能力	团结协作	小组成员之间合作良好	8	
	敬业精神	遵守纪律，具有爱岗敬业、吃苦耐劳精神	7	
方法能力	计划和决策能力	计划和决策能力较好	5	

技能训练五

常用电子产品的制作与调试

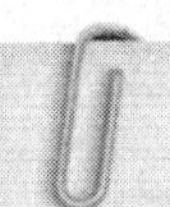

教学目标

知识目标

(1) 加深对常用电子元器件的识别与检测,并掌握合理的选用原则。

(2) 掌握电子产品的制作与调试要点及焊接工艺要求。

(3) 熟练掌握各种仪器仪表的操作与使用方法。

(4) 掌握电子产品故障分析与排除方法。

能力目标

(1) 能够熟练使用剥线钳、尖嘴钳、斜口钳、镊子、电烙铁、吸锡器等基本工具。

(2) 能够熟练使用数字万用表、指针式万用表、信号发生器、示波器和直流稳压电源。

(3) 会正确识别、检测常用电子元器件。

(4) 会正确识读、绘制电子电路图。

(5) 能正确安装、焊接、检测和调试电子电路。

素质目标

(1) 树立职业意识,并按照企业的"6S"(整理、整顿、清扫、清洁、素养、安全)质量管理体系要求自己。

(2) 在工作中始终具有积极向上的工作热情和学习态度。

(3) 培养团队合作、规范操作、认真负责、吃苦耐劳的职业素养。

(4) 养成工作细心、精益求精、爱护工具的良好习惯。

任务1　间断闪光指示灯的制作与调试

工作任务单

序　号	任务名称	任务目标
1	间断闪光指示灯的电路原理	会分析、理解电路原理
2	间断闪光指示灯元器件的选择与测试	掌握元器件的选择与测试方法
3	间断闪光指示灯的制作	掌握电子产品安装的制作工艺及调试方法

材料工具单

项　目	名　称	数　量	型　号	备　注
所用工具	剥线钳	每组一套		
	尖嘴钳			
	斜口钳			
	电烙铁			
	吸锡器			
所用仪器、仪表	万用表	每组一块		
	直流稳压电源			
所用元器件、材料	电阻	4个	10 kΩ、5.1 kΩ 各2个	
	电容	2个	47 μF	
	发光二极管	若干	红、绿各一个	
	三极管	2个	9013或9014	
	电路板	1块		
	面包板	1块		

知识要点1　间断闪光指示灯的组成及工作原理

图5-1是间断闪光指示灯的电路原理图。闪断闪光指示灯是一个典型的多谐振荡电路，由两个三极管Q1、Q2交叉耦合而成。R_{c1}、R_{c2}分别是Q1、Q2的集电极电阻。R_1、R_2分别是Q2、Q1的基极偏置电阻。多谐振荡器没有稳定状态，要么Q1截止，Q2导通；要么Q1导通，Q2截止，这两种状态周期性的自动翻转，则D1、D2周而复始的交替点亮。

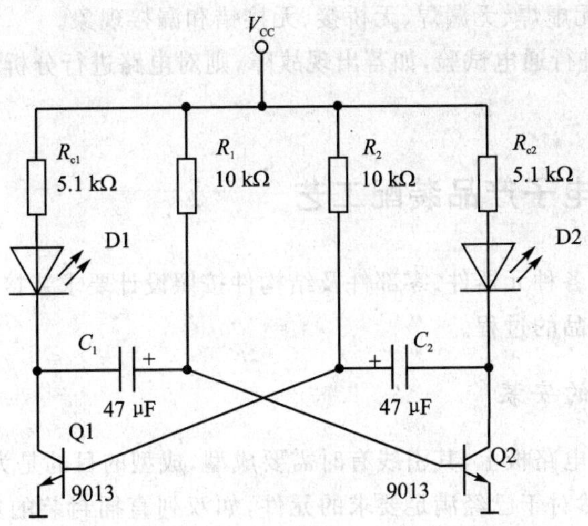

图 5－1　间断闪光指示灯电路原理图

闪断闪光指示灯的工作过程是：接通电源后，由于接线电阻、分布电容、元件参数的不一致等因素，三极管必然是一只导通，一只截止。当 Q1 导通，Q2 截止时，C_2 经 D2、R_{c2}、Q1 的基极-发射集充电，充电电流为 I_1，C_1 经 R_1、Q1 的集电极-发射极放电，放电电流为 I_2，同时电源正极经 D1、R_1、Q1 的集电极-发射极到负极形成回路，D1 点亮，D2 熄灭。随着 C_1 的放电及反方向充电，当 C_1 的右端(即 Q2 的基极)电位达到 0.7 V 时，Q2 由截止变为导通，其集电极电压 $U_2=0$，由于 C_2 两端电压不能突变，Q1 基极电位变为 V_{CC}，Q1 由导通变为截止，电路翻转为另一暂稳状态，D2 点亮，D1 熄灭；当 Q2 导通，Q1 截止时原理与其相反。如此周而复始地自动翻转，形成自激振荡。振荡周期为 $T=0.7(R_{c1}C_1+R_{c2}C_2)$，通常 $R_{c1}=R_{c2}=R$，$C_1=C_2=C_0$，则 $T=1.4RC_0$，振荡频率 $f=\dfrac{1}{1.4RC_0}$。

知识要点 2　间断闪光指示灯的制作步骤

间断闪光指示灯是一个比较简单的小制作。该电路的核心器件是三极管。该电路的制作需要用到电子技术课程学过的知识，三极管的截止与饱和、RC 电路充放电过程及多谐振荡的工作原理。用两只三极管制作一个多谐振荡器，驱动两只不同颜色的发光二极管。在制作完成时，可以看到两只发光二极管交替点亮，并且可以通过调整电路的参数来调整发光二极管点亮的频率。这一电路是交通灯电子控制、节日闪光灯、节拍器的基础，是非常实用的小制作。

间断闪光指示灯制作步骤如下：

1. 识读间断闪光指示灯的电路原理图。

2. 根据电路原理图设计安装布线图。

3. 根据电路原理图和安装布线图在面板上正确安装各元器件。安装时要注意电容、二极管的方向以及三极管的极性。

4. 检查各元器件安装正确无误后，接通＋6 V 电源。

5. 调试成功后将元器件焊接在电路板上，注意严格遵守焊接的工艺要求，焊接点应大小均匀、有光泽、无毛刺、无虚焊、无漏焊、无桥接、无接错和漏接现象。

6. 焊接后对电路进行通电试验，如若出现故障，则对电路进行分析和调试，直至通电试验成功。

知识要点3　电子产品装配工艺

电子产品装配是将各种元器件、零部件及结构件按照设计要求装接到规定的位置上，组成具有一定功能的电子产品的过程。

一、电子元器件的安装

插装元器件安装到电路板上，其引线有时需要成型，成型的目的是为了满足安装尺寸与印制板的配合等要求（当然对于已经满足要求的元件，如双列直插封装的集成电路，还有元件出厂时就成型好了的就不必了）。插装元器件的方法如图5-2与图5-3所示。

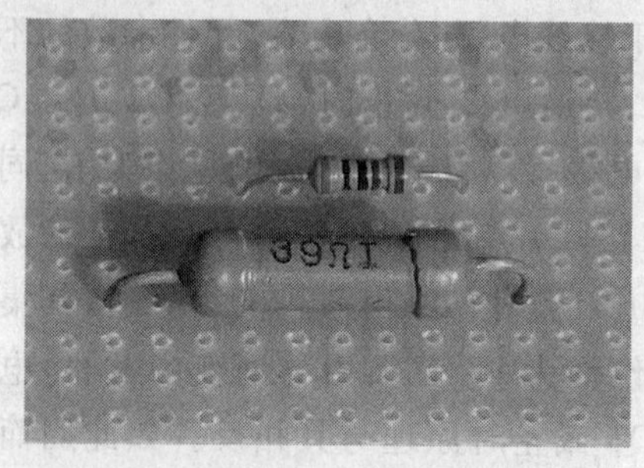

图5-2　元器件水平安装

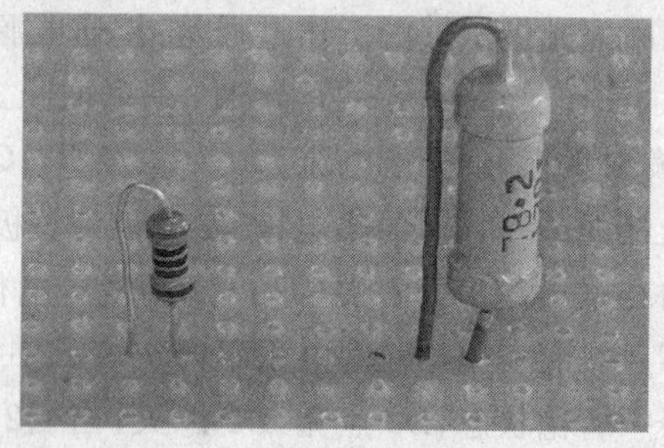

图5-3　元器件直立安装

1. 电子元器件安装的基本原则

(1) 元器件安装的顺序：先高后低，先大后小，先轻后重。

(2) 元器件安装的方向：电子元器件的标记和色码部位应朝上，以便于辨认；水平安装元件的数值读法应保证从左至右，竖直安装元件的数值读法应保证从下至上。

(3) 元器件的间距：在印制板上的元器件之间的距离不能小于1 mm；引线间距要大于2 mm，必要时，要给引线套上绝缘套管。对水平安装的元器件，应使元器件贴在印制板上，元器件离印制板的距离要保持在0.5 mm左右；对竖直安装的元件，元器件离印制板的距离应在3～5 mm。

2. 电子元器件安装注意事项

(1) 元器件插好后，其引线的外形处理有弯头的、有切断成形等方法，要根据要求处理好，所有弯脚的弯折方向都应与铜箔走线方向相同。

(2) 安装二极管时，除注意极性外，还要注意外壳封装，特别是玻璃壳体易碎，引线弯曲时易爆裂；对于大电流二极管，有的则将引线体当做散热器，故必须根据二极管规格中的要求决定引线的长度。

(3) 为了区别三极管的电极和电解电容的正负端，一般在安装时，加带有颜色的套管区别。

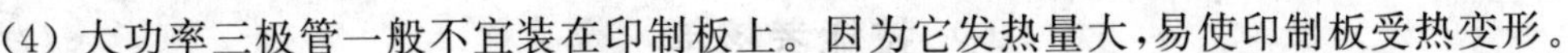

(4) 大功率三极管一般不宜装在印制板上。因为它发热量大,易使印制板受热变形。

二、元器件引脚手工成型的方法

手工成型所用的工具是镊子和带圆弧的长尖嘴钳,用镊子和长尖嘴钳夹住元件根部,弯折元件引脚,形成一圆弧即成(如图 5-4 所示)。

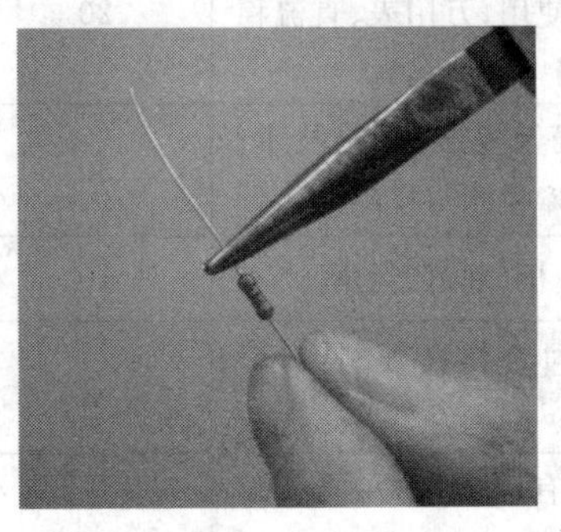
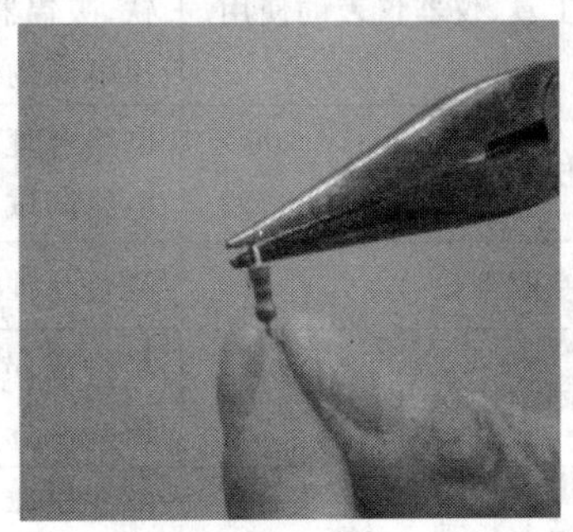

图 5-4　元器件手工成型示意图

训练 1　间断闪光指示灯的制作与调试技能训练

一、训练目标

1. 提高专业意识,培养良好的职业道德和职业习惯。
2. 掌握万用表和直流稳压电源的正确使用方法。
3. 会运用万用表检测电阻、电容、二极管、三极管的好坏及参数,提高技能水平。

二、训练设备工具器材

电子产品装配流水线,电工工具一套,万用电路板,万用表,电烙铁,间断闪光指示灯组件一套等。

三、训练内容

1. 两人分一组,确定每组的组长。
2. 以小组为单位,用万用表测量发光二极管、三极管及所有元器件的好坏和参数。要求:小组内每人都要参与测量,由小组给出测量结果。
3. 以小组为单位,在电子产品装配流水线上,根据间断闪光指示灯的电路原理图,对检测好的间断闪光指示灯的元器件进行安装和调试。要求:安装过程中严格遵循电子产品装配工艺要求,焊接点应大小均匀、有光泽、无毛刺、无虚焊、无漏焊、无桥接、无接错和漏接现象,并且通电试验成功。小组成员之间要齐心协力,共同制订制作方案,对团结合作好的小组给予一定的加分。

技能考核单

评价类别	考核项目	考核标准	配分/分	得　分
专业能力	元件检测	电子元件电阻、电容、二极管、三极管的识别、检测	20	
	工具、仪器仪表的使用	尖嘴钳子、斜口钳子、剥线钳、电烙铁、吸锡器的使用；万用表、直流稳压电源的使用	20	
	技术应用	电路合理布局及安装；焊接技术；电路调试、故障检测与排除	30	
	专业理论	电路原理的分析、理解、运用	10	
社会能力	团结协作	小组成员之间合作良好、具有责任心	8	
	敬业精神	遵守纪律，具有爱岗敬业、吃苦耐劳精神	7	
方法能力	计划和决策能力	计划和决策能力较好	5	

任务2　可调直流稳压电源的制作与调试

工作任务单

序　号	任务名称	任务目标
1	可调直流稳压电源的工作指标	输出电压＋5～＋10 V 连续可调,输出电流 1 A
2	可调直流稳压电源的元件识别	会各种工具的使用及元件的识别与测试
3	可调直流稳压电源的制作	掌握电子产品制作工艺及调试方法

材料工具单

项　目	名　称	数　量	型　号	备　注
所用工具	剥线钳	每组一套		
	尖嘴钳			
	斜口钳			
	镊子			
	电烙铁			
所用仪器仪表	数字万用表	每组各一块		
所用元件材料	电阻	1个	100 Ω	
	可调电阻	1个	5.1 kΩ	
	电容	各2个	220 μF、100 μF	
	整流二极管	6个	N4007	
	可调三端稳压	1块	LM317	
	电源变压器	1个	18 V	
	焊锡丝			
	助焊剂			

知识要点1　可调直流稳压电源的组成及工作原理

一、可调直流稳压电源的组成

图5-5是可调直流稳压电源的电路原理图。可调直流稳压电源由电源变压器、整流电路、滤波电路和稳压电路四部分组成,如图5-6所示。电源变压器可根据输出需要的电压选

择。整流电路是利用整流元件的单相导电性，将工频交流电转为具有直流电成分的脉动直流电；滤波电路是将脉动直流中的交流成分滤除，减少交流成分，增加直流成分；稳压电路对整流后的直流电压采用负反馈技术进一步稳定直流电压。

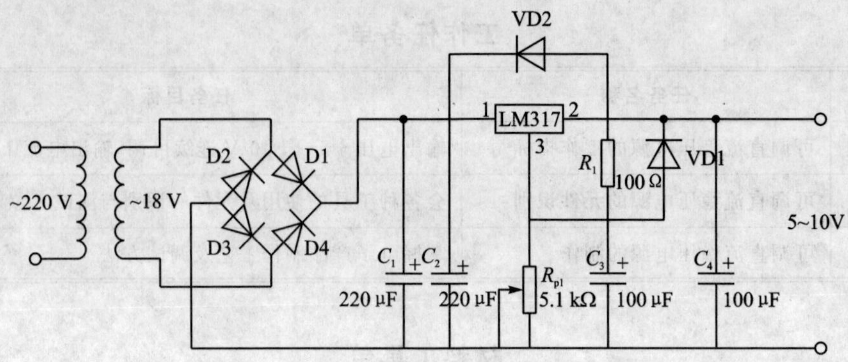

图 5－5　可调直流稳压电源电路原理图

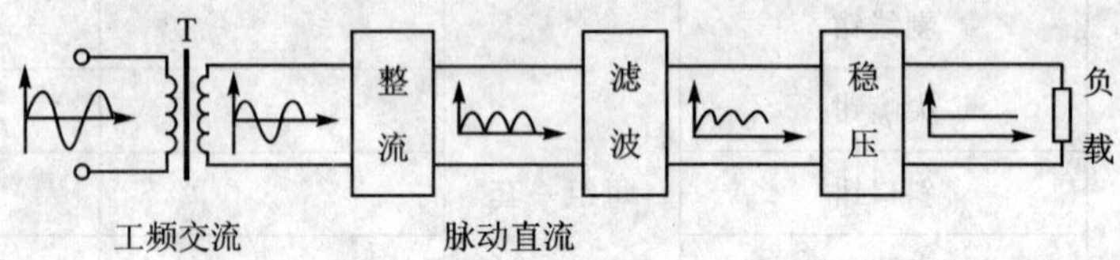

图 5－6　直流稳压电源的组成

二、可调直流稳压电源的工作原理

可调直流稳压电源是一种将 220 V 工频交流电转换成稳压输出的直流电压的装置，需要经过变压、整流、滤波、稳压四个环节才能完成。

1. 电源变压器

电源变压器是降压变压器，可以将电网 220 V 交流电压变换成符合需要的交流电压，并传送给整流电路，变压器的变比由变压器的副边电压确定。

2. 整流电路

利用单向导电元件二极管，可把 50 Hz 的正弦交流电变换成脉动的直流电。桥式整流电路的工作原理为：当正半周时二极管 D1、D3 导通，在负载电阻上得到正弦波的正半周。当负半周时二极管 D2、D4 导通，在负载电阻上得到正弦波的负半周。在负载电阻上正负半周经过合成，得到的是同一个方向的单向脉动电压。其工作状态如图 5－7 所示。

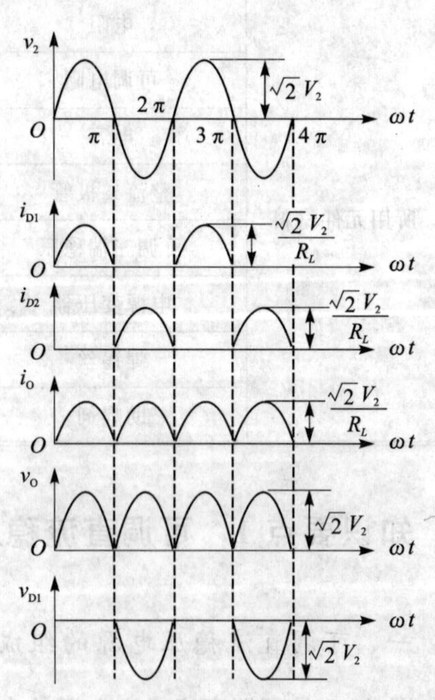

图 5－7　桥式整流电路的波形图

3. 滤波电路

滤波电路可以将整流电路输出电压中的交流成

分大部分加以滤除，从而得到比较平滑的直流电压。滤波电路工作原理：若 v_2 处于正半周，二极管 D1、D3 导通，电容 C 充电。此时输出波形是正弦波。当 v_2 到达 $\omega t=\pi/2$ 时，电容 C 就要以指数规律向负载 R_L 放电，在刚过 $\omega t=\pi/2$ 时，正弦曲线下降的速率很慢，此时二极管仍然导通。在超过 $\omega t=\pi/2$ 后的某个点，正弦曲线下降的速率越来越快，当刚超过指数曲线起始放电速率时，二极管关断。所以在 t_1 到 t_2 时刻，二极管导电，C 充电，$v_C=v_O$ 按正弦规律变化。t_2 到 t_3 时刻，二极管关断，$v_C=v_O$ 按指数曲线下降，放电时间常数为 R_LC，当放电时间常数 R_LC 增加时，电容滤波的效果好。其工作状态如图 5－8 所示。

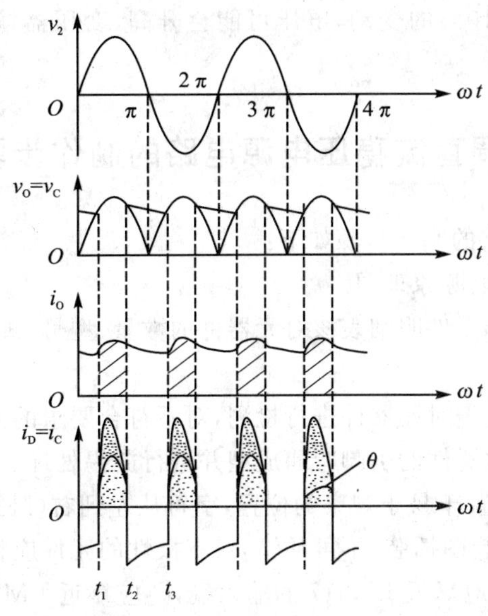

图 5－8　桥式电容滤波整流电路波形图

4. 稳压电路

稳压电路的功能是使输出的直流电压稳定，不随交流电网电压和负载的变化而变化，本制作采用 LM317 三端集成稳压器实现稳压。

LM317 是接线简单的可调节线性稳压集成电路，有 3 条引脚，外观有多种封装，如图 5－9 所示。最常见的为 LM317T、外形为 TO－220 塑料封装，以及 LM317K、外形为 TO－3 铝壳封装。两种封装最大电流均为 1.5 A，最高输入电压为 40 V，输出电压可调范围为 1.2～37 V。改变图 5－5 中的 R_{p1} 就可改变输出电压，当 R_{p1} 阻值为 0 时，输出电压在 1.2～1.3 V，典型值为 1.25 V。

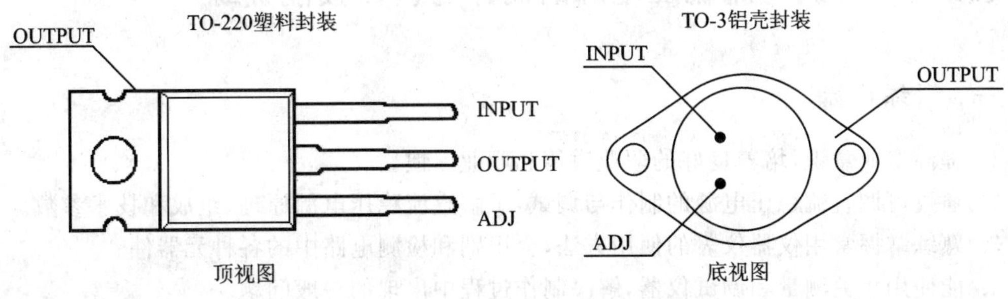

图 5－9　LM317 的封装

LM317的过流和短路采用的是限流保护方式，当输出端电阻太小，导致电流超过保护阈值时，电流会受限制，不会增大很多。但电流也跟输入端的电压有关，短路后，电流一般在1 A左右，但最大也有可能高达3.5 A。输出端时间稍长后，LM317功耗会非常大，如不进行处理，LM317仍然可能会烧毁。为了制作简便，一般不采用带抽头变压器，使用单个输出绕组的变压器就行了，不过这样做的后果是当输出电压很低但电流比较大时，LM317发热非常厉害，大的散热片是必不可少的。至于散热片要多大，这就要看所接的负载了，可参考热阻方面的资料。因为LM317最高输入电压为直流40 V，交流电源输入电压为40 V× 0.707=28.28 V。考虑到220 V电源允许±10%的变动，电压可能会升高，变压器输出改为28.28 V× 0.9=25.452 V。

知识要点2　可调直流稳压电源电路的制作步骤

可调直流稳压电源电路的制作步骤如下：

1. 识读可调直流稳压电源原理图。
2. 清点元器件，按配套元件明细表核对元器件的数量、型号、规格，如有短缺差错，应及时补缺和更换。
3. 检测元器件，用万用表对元器件进行检测，对不符合要求的元器件进行更换或替代。
4. 进行引脚处理，即对器件的引脚弯曲成型并进行烫锡处理。成型时不得从引脚根部弯曲，尽量把有字符的器件面置于易于观察的位置，字符从左到右(卧式)，从下到上(直立式)。
5. 插装。根据电路安装图插装，不可插错，对有极性的元件应特别小心。
6. 安装时注意电容C_1应靠近LM317的输入端，C_3应靠近LM317的输出端，这样能更好地抑制纹波。
7. 焊接。各焊点加热时间及用锡量要适当，对耐热性差的元器件应使用工具辅助散热。
8. 焊后处理。剪去多余引脚线，检查所有焊点，对缺陷进行修补。
9. 检查元器件安装正确无误后，接通220V电源。
10. 将万用表拨至直流电压挡，表笔测C_4两端(注意表笔的极性)，调节R_{p1}的电阻，使电压在5～10 V变动。
11. 接上负载调试，输出电压为3 V时接上30 Ω负载电阻，负载电阻接入前后，输出电压的变化小于0.5 V为合格。

训练1　可调直流稳压电源的制作与调试技能训练

一、训练目标

1. 提高专业意识，培养良好的职业道德和职业习惯。
2. 通过可调直流稳压电源的制作与调试，了解直流稳压电源原理、组成和技术参数。
3. 熟练掌握常用仪器仪表的使用方法，会识别和检测电路中的各种元器件。
4. 能使用相关测量和调试仪器，解决制作过程中出现的一般问题。
5. 自行制作电路板并安装、焊接元器件，提高技能水平。

6. 培养竞争、合作、服从、答辩方面的素质。

二、训练设备工具器材

电子产品装配生产线，万用电路板，数字万用表，电烙铁，可调直流稳压电源元件一套，电工工具一套等。

三、训练内容

1. 按人数分组，确定每组的组长。

2. 以小组为单位，按照元器件清单清点元件，检测元器件的好坏，及时更换损坏的元器件。要求：小组内每人都要参与测量，由小组给出测量结果。

3. 以小组为单位，在电子产品装配生产线上，根据可调直流稳压电源的原理图，按照可调直流稳压电源的制作步骤进行可调直流稳压电源的安装；并对安装好的电路进行调试，并会检查和排除电路的常见故障。要求：安装过程中严格遵循电子产品装配工艺要求，焊接点应大小均匀、有光泽、无毛刺、无虚焊、无漏焊、无桥接、无接错和漏接现象，并且通电试验成功。小组成员之间要齐心协力，共同制订制作方案，对团结合作好的小组给予一定的加分。

技能考核单

评价类别	考核项目	考核标准	配分/分	得　分
专业能力	元件检测	电阻、电容、二极管、三极管的识别、检测	20	
	工具、仪器仪表的使用	尖嘴钳、斜口钳、剥线钳、电烙铁、吸锡器的使用；数字万用表的使用	20	
	技术应用	电路合理布局及安装；焊接技术；电路调试，故障检测与排除	30	
	专业理论	电路原理的分析、理解、运用	10	
社会能力	团结协作	小组成员之间合作良好、具有责任心	8	
	敬业精神	遵守纪律，具有爱岗敬业、吃苦耐劳精神	7	
方法能力	计划和决策能力	计划和决策能力较好	5	

任务3 投票表决器的制作与调试

工作任务单

序 号	任务名称	任务目标
1	逻辑函数的化简	掌握逻辑函数的基本知识及化简方法
2	组合逻辑电路的分析与设计方法	掌握组合逻辑电路的分析与设计方法
3	三人表决器的制作	完成三人表决器的设计与制作

材料工具单

项 目	名 称	数 量	型 号	备 注
所用工具	斜口钳			
	尖嘴钳			
	镊子			
	电烙铁			
所用仪器仪表	数字万用表			
	直流稳压电源			
所用元件材料	发光二极管	2个	红、绿各一个	
	按钮开关	3个		
	电阻	8个	1 kΩ	
	电容	3个	0.1 μF	
	集成芯片	1块	74LS00	
	集成芯片	1块	74LS20	
	万能电路板	1块		

知识要点1 三人表决器的工作原理

在三人表决电路中，由 A、B 和 C 三个人表决，表决按少数服从多数原则通过，即有两个人同意或三个人同意才能通过。要解决这一问题，需要设计一个少数服从多数的表决器逻辑电路（三人表决器），让结果直接显示出来，其逻辑电路如图 5－10 所示，用三个按钮的状态分别代表三个输入量 A、B 和 C，按钮按下或不按分别代表“同意”或“不同意”，用一只发光二极管指示评判的结果，即当“通过”时绿灯亮，当“不通过”时红灯亮。

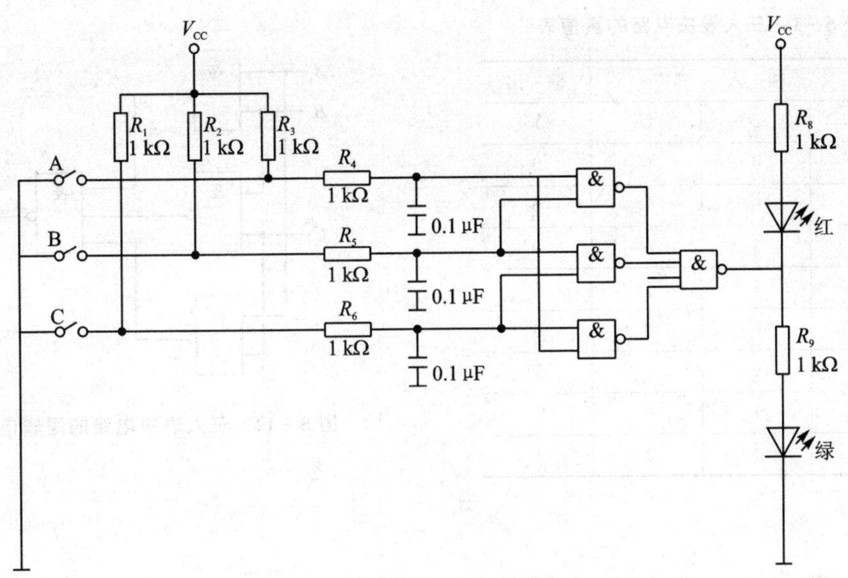

图 5-10　三人表决器的逻辑电路图

三人表决器的设计属于组合逻辑电路设计，组合逻辑电路的特点是电路任何时刻的输出状态只取决于该时刻输入信号(变量)的组合，而与电路的历史状态无关。通常组合逻辑电路的设计按下述步骤进行，其流程图如图 5-11 所示。

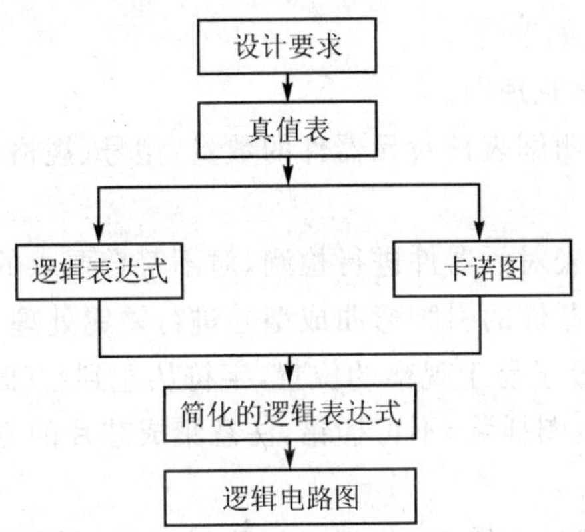

图 5-11　组合逻辑电路的设计流程图

三人表决电路的设计步骤如下：

1. 根据设计要求列出真值表，如表 5-1 所列。

2. 由真值表写出逻辑函数表达式

$$Y=A\bar{B}C+AB\bar{C}+\bar{A}BC+ABC$$

3. 化简逻辑函数表达式

$$Y=AC+AB+BC$$

化简为“与非”的形式为

$$Y=\overline{\overline{AC}\cdot\overline{AB}\cdot\overline{BC}}$$

4. 按化简后的逻辑函数表达式画出逻辑电路图，如图 5-12 所示。

表 5-1　三人表决电路的真值表

输 入			输 出
A	B	C	Y
0	0	0	0
0	0	1	0
0	1	0	0
0	1	1	1
1	0	0	0
1	0	1	1
1	1	0	1
1	1	1	1

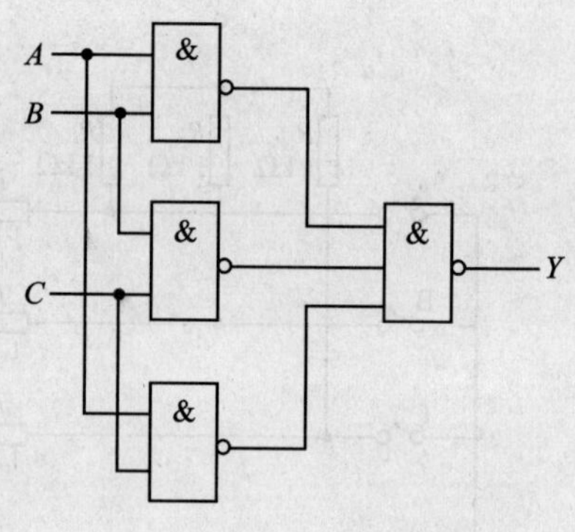

图 5-12　三人表决电路的逻辑电路图

知识要点 2　三人表决器的制作要点

三人表决器由三部分组成：表决数据的输入部分、数据控制处理部分和结果输出部分。该电路是一个比较简单的组合逻辑电路。有能力的同学可在此基础上再设计四人、五人、七人等表决电路。

三人表决器的制作要点如下：

1. 识读三人表决器电路原理图。

2. 清点元器件，按配套明细表核对元器件的数量、型号、规格，如有短缺差错，应及时补缺和更换。

3. 检测元器件，用万用表对元器件进行检测，对不符合要求的元器件进行更换或替代。

4. 进行引脚处理，即对器件的引脚弯曲成型并进行烫锡处理。成型时不得从引脚根部弯曲，尽量把有字符的器件面置于易于观察的位置，字符从左到右(卧式)，从下到上(直立式)。

5. 插装。根据电路安装图插装，不可插错，注意集成芯片的方向是否正确，对有极性的元件应特别小心。

6. 焊接。严格遵守焊接工艺要求，各焊点加热时间及用锡量要适当，对耐热性差的元器件应使用工具辅助散热。

7. 焊后处理。剪去多余引脚线，检查所有焊点，对缺陷进行修补。

8. 检查元器件安装正确无误后，接通＋5 V电源，进行结果测试。

9. 如若出现故障，则对电路进行分析和调试，直至通电试验成功。

训练 1　三人表决器的制作与调试技能训练

一、训练目标

1. 提高专业意识，培养良好的职业道德和职业习惯。

2. 通过任务的分析与设计，进一步提高分析与设计组合逻辑电路的能力，更好地掌握简单组合逻辑电路的分析与设计方法。

3. 通过完成制作任务，不断提高技能水平和工艺水平。

4. 通过完成任务，熟练掌握常用仪器仪表的使用。

二、训练设备工具器材

电子综合实训台，电工工具一套，镊子，电烙铁，数字万用表，三人表决器组件一套等。

三、训练内容

1. 按人数分组，确定每组的组长。

2. 以小组为单位，按照元器件清单清点元件，检测元器件的好坏，及时更换损坏的元器件。要求：小组内每人都要参与测量，由小组给出测量结果。

3. 以小组为单位，在电子产品装配生产线上，根据三人表决电路的原理图，按照三人表决器的制作要点进行三人表决器的安装；对安装好的电路进行调试，并会检查和排除电路的常见故障。要求：安装过程中严格遵循电子产品装配工艺要求，焊接点应大小均匀、有光泽、无毛刺、无虚焊、无漏焊、无桥接、无接错和漏接现象，并且通电试验成功。小组成员之间要齐心协力，共同制订制作方案，对团结合作好的小组给予一定的加分。

4. 扩展训练项目：根据三人表决器的设计方法和思路，设计一个四人表决电路，并画出四人表决电路的逻辑电路图。对完成扩展项目的小组给予一定的加分。

技能考核单

评价类别	考核项目	考核标准	配分/分	得　分
专业能力	元件检测	电阻、电容、二极管、开关按钮、集成芯片的识别与检测	20	
	工具使用	尖嘴钳、斜口钳、电烙铁、吸锡器的使用，数字万用表、稳压电源的使用	10	
	技术应用	电路合理布局及安装焊接技术电路调试、故障检测与排除	30	
	专业理论	电路原理的分析、理解、运用	20	
社会能力	团结协作	小组成员之间合作良好	8	
	敬业精神	遵守纪律，具有爱岗敬业、吃苦耐劳精神	7	
方法能力	计划和决策能力	计划和决策能力较好	5	

任务4　交通信号灯控制电路的制作与调试

工作任务单

序　号	任务名称	任务目标
1	实现甲、乙车道交替运行	甲、乙车道每次通行时间为 25 s
2	实现红、绿灯转换过程中黄灯亮	在红、绿灯转换过程中黄灯亮 5 s 的时间过渡
3	实现黄灯亮时每秒钟闪亮一次	要求黄灯每秒钟闪亮一次

材料工具单

项　目	名　称	数　量	型　号	备　注
所用工具	尖嘴钳	每组一套		
	斜口钳			
	镊子			
	电烙铁			
所用仪器仪表	数字万用表			
	直流稳压电源			
所用材料	脉冲发生器	1	NE555	
	寄存器	1	74LS164	
	计数器	1	74LS161	
	LED	红、绿、黄各 2 个		
	集成芯片	1 块	74LS11	
	集成芯片	1 块	74LS08	
	集成芯片	1 块	74LS04	
	电容	各 1 个	10 μF、0.01 μF	
	电阻	各 1 个	40 kΩ、51 kΩ	

知识要点 1　交通信号灯的组成及工作原理

图 5－13 是交通信号灯控制电路的原理图。在交通日益繁杂的今天，十字路口的红绿灯是交通法规的无声命令，是司机和行人的行为准则。十字路口的交通红绿灯控制是保证交通安全和道路畅通的关键。图 5－13 所示的交通信号灯控制电路的设计方案是采用的循环式、

时间均等的控制方法，此方法具有成本低、设计简单、安装及维护方便等特点。交通信号灯控制电路主要由秒脉冲信号电路、控制器、定时器、显示电路等部分组成。

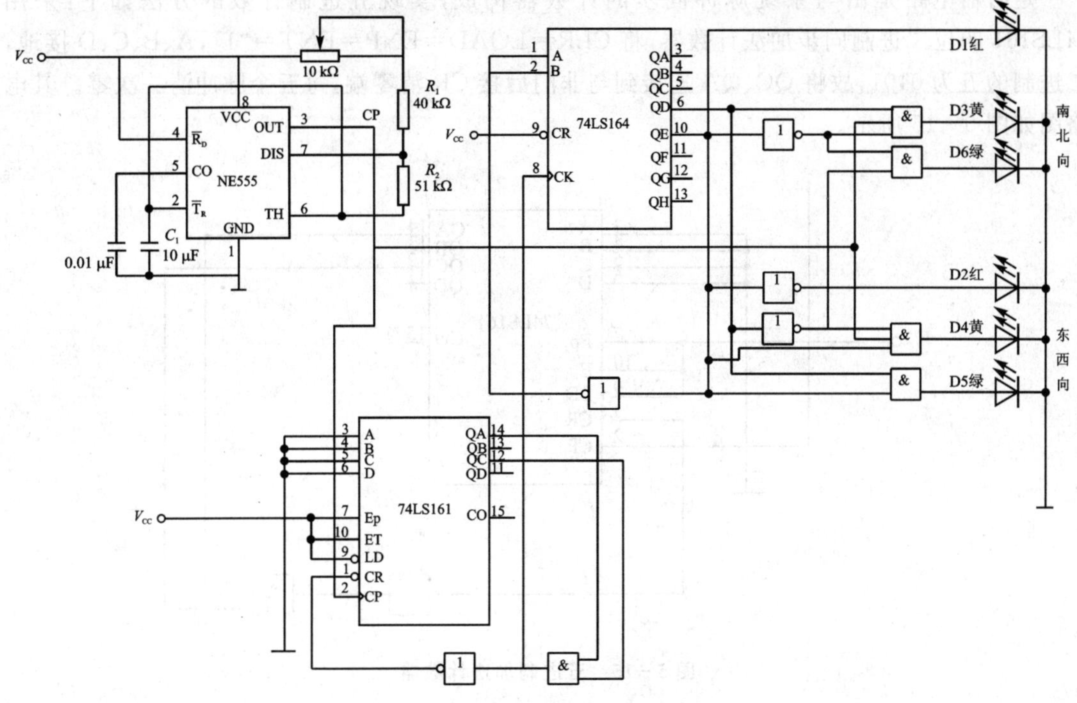

图 5－13　交通信号灯控制电路原理图

一、秒脉冲信号电路

秒脉冲信号电路是产生稳定的秒脉冲，确保整个电路装置同步工作和实现定时控制。脉冲信号发生器是由 555 定时器构成多谐振荡器，振荡频率 $f=\dfrac{1.43}{(R_1+2R_2)C_1}$，其电路如图 5－14 所示。

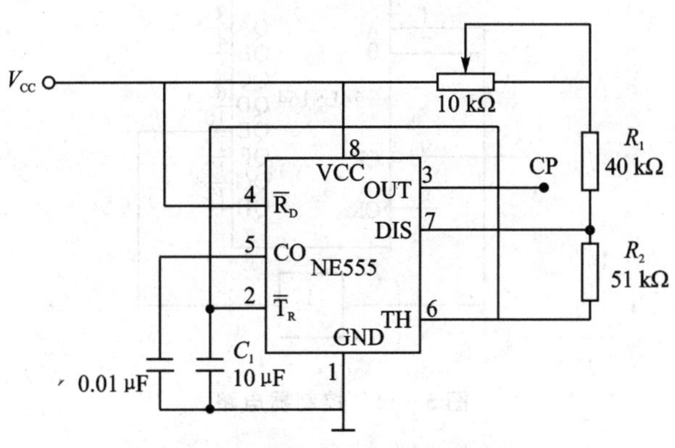

图 5－14　秒信号发生器

二、定时器电路

定时器电路是由与系统脉冲同步的计数器构成，实现五进制计数的方法如下：采用74LS161 四位二进制同步加法计数器，将 CLR＝LOAD＝ENP＝ENT＝“1”，A、B、C、D 接地，二进制的五为 0101，故将 QC、QA 连接到与非门后接 CR 清零端，每五个脉冲清一次零。其电路图如图 5－15 所示。

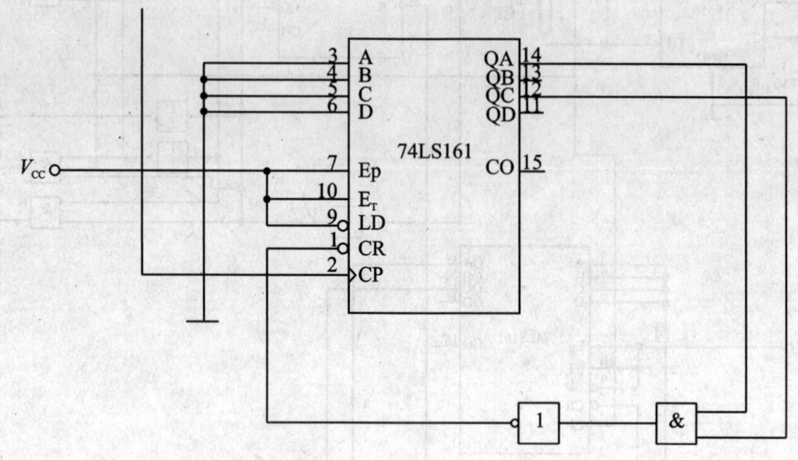

图 5－15　五进制加法计数器

三、控制器电路

控制器是交通管理的核心，它能够按照交通管理规则控制信号灯工作状态的转换，采用74LS164 八位移位寄存器可以实现对黄灯 5 s 的控制，绿灯 20 s 的控制，和红灯 25 s 的控制。用 74LS161 的清零信号作为 74LS164 的触发信号，用管脚 10(即 QE)控制串行输入的信号，其电路图 5－16 所示。

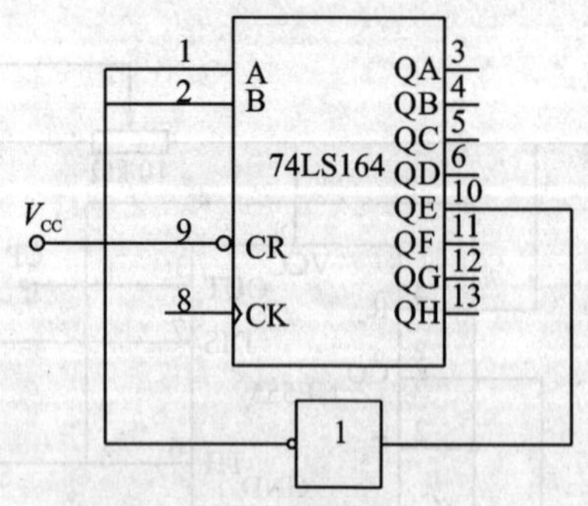

图 5－16　控制器电路

四、信号灯控制电路

信号灯控制电路如图 5－16 与图 5－17 所示。

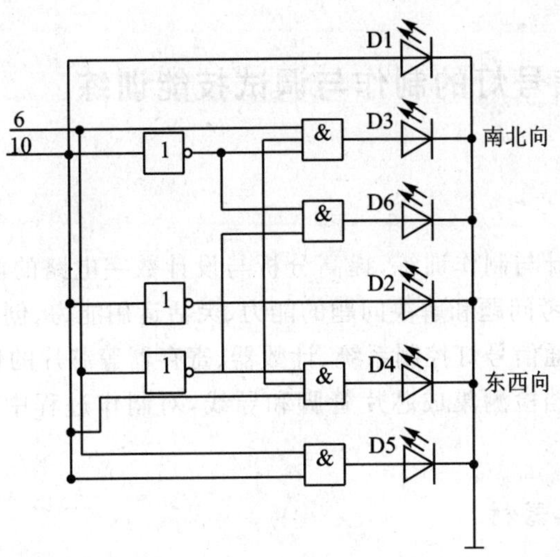

图 5-17　信号灯控制电路

1. 红灯信号控制

南北向的红灯信号直接与 QE 相连；而东西向的红灯正好相反，先将 QE 取非，再接东西向红灯。

2. 绿灯信号控制

东西向的绿灯信号通过 QE、QD 相与获得；南北向的绿灯信号则要 QE、QD 先分别取非，然后再相与获得。

3. 黄灯信号控制

东西向的黄灯信号通过 QD 取非后与 QE 相与获得，要使其每秒闪烁一次，只要把其与1 Hz 时钟脉冲相与即可；南北向的黄灯信号则通过 QE 取非后与 QD 相与，再和 1 Hz 时钟脉冲相与获得。

知识要点 2　交通信号灯的制作要点

交通信号灯的制作要点如下：

1. 识读交通信号灯电路原理图，理解各组成部分的工作原理。

2. 清点元器件，按配套明细表核对元器件的数量、型号、规格，如有短缺差错，应及时补缺和更换。

3. 检测元器件，用万用表对元器件进行检测，对不符合要求的元器件进行更换或替代。

4. 进行引脚处理，即对器件的引脚弯曲成型并进行烫锡处理。成型时不得从引脚根部弯曲，尽量把有字符的器件面置于易于观察的位置，字符从左到右(卧式)，从下到上(直立式)。

5. 插装。根据电路安装图插装，不可插错，注意集成芯片的方向是否正确，对有极性的元件应特别小心。

6. 焊接。各焊点加热时间及用锡量要适当，对耐热性差的元器件应使用工具辅助散热。

7. 焊后处理。剪去多余引脚线，检查所有焊点，对缺陷进行修补。

8. 检查各部分电路安装正确无误后，接通＋5 V 电源，进行通电试验。

9. 如果安装正确，本电路一般不需要调试即能实现所需功能，若不能实现可能为元器件损坏、虚焊、有极性元件的管脚接错等原因造成故障。如若出现故障，则检测元件或对电路进行分析、调试，直至通电试验成功。

训练1　交通信号灯的制作与调试技能训练

一、训练目标

1. 通过交通灯的设计与制作训练，提高分析与设计数字电路的能力，使理论教学与动手实践相结合，培养独立思考问题和解决问题的能力、灵活运用能力、创新能力和综合实践能力。

2. 通过制作熟悉交通信号灯控制系统、计数器、寄存器等芯片的作用。

3. 会用万用表欧姆挡检测集成芯片管脚和导线，对制作过程中出现的问题找出解决方法，提高技能水平。

二、训练设备工具器材

电子综合实训台，直流稳压电源，示波器，万用表，电工工具，交通信号灯电路组件一套等。

三、训练内容

1. 按人数分组，确定每组的组长。

2. 以小组为单位，按照元器件清单清点元件，检测元器件的好坏，及时更换损坏的元器件。要求：小组内每人都要参与测量，由小组给出测量结果。

3. 以小组为单位，在电子综合实训台上，根据交通信号灯电路的原理图，按照交通信号灯电路的制作要点进行电路的安装；对安装好的电路进行调试，并会检查和排除电路的常见故障。要求：安装过程中严格遵循电子产品装配工艺要求，尤其注意集成芯片的方向和有极性元件的管脚，焊接时焊接点应大小均匀、有光泽、无毛刺、无虚焊、无漏焊、无桥接、无接错和漏接现象，并且通电试验成功。小组成员之间要齐心协力，共同制订制作方案，对团结合作好的小组给予一定的加分。

技能考核单

评价类别	考核项目	考核标准	配分/分	得　分
专业能力	元件检测	电阻、电容、发光二极管、集成芯片的识别及检测	15	
	工具使用	工具使用方法正确	15	
	技术应用	电路合理布局及安装焊接技术电路调试、故障检测与排除	30	
	专业理论	交通信号灯的基本组成和各部分的工作原理，掌握其设计及制作方法	20	
社会能力	团结协作	小组成员之间合作良好	8	
	敬业精神	遵守纪律，具有爱岗敬业、吃苦耐劳精神	7	
方法能力	计划和决策能力	计划和决策能力较好	5	

任务5　数字钟的制作与调试

工作任务单

序　号	任务名称	任务目标
1	实现一天24小时的时间	实现一天24小时的时间周期功能
2	实现时间的显示	用两位数码管显示时、分、秒
3	实现校时功能	分别对时、分进行单独校时

材料工具单

项　目	名　称	数　量	型　号	备　注
所用工具	尖嘴钳	每组一套		
	斜口钳			
	万能实验板			
所用仪器仪表	万用表			
	直流稳压电源			
所用元件	数码管	6	共阴极	
	译码驱动器	6	74LS48	
	计数器	6	74LS160	
	与非门	2	74LS20	
	与非门	1	74LS00	
	非门	1	74LS04	
	与门	1	74LS08	
	脉冲发生器	1	NE555	
	电阻	各1个	68 kΩ、33 kΩ	
	电阻	4个	10 kΩ	
	电容	各1个	10 μF、10 nF	

知识要点1　数字钟的组成及工作原理

图5-18所示为数字钟的电路原理图。数字钟是一种用数字电路技术实现时、分、秒计时

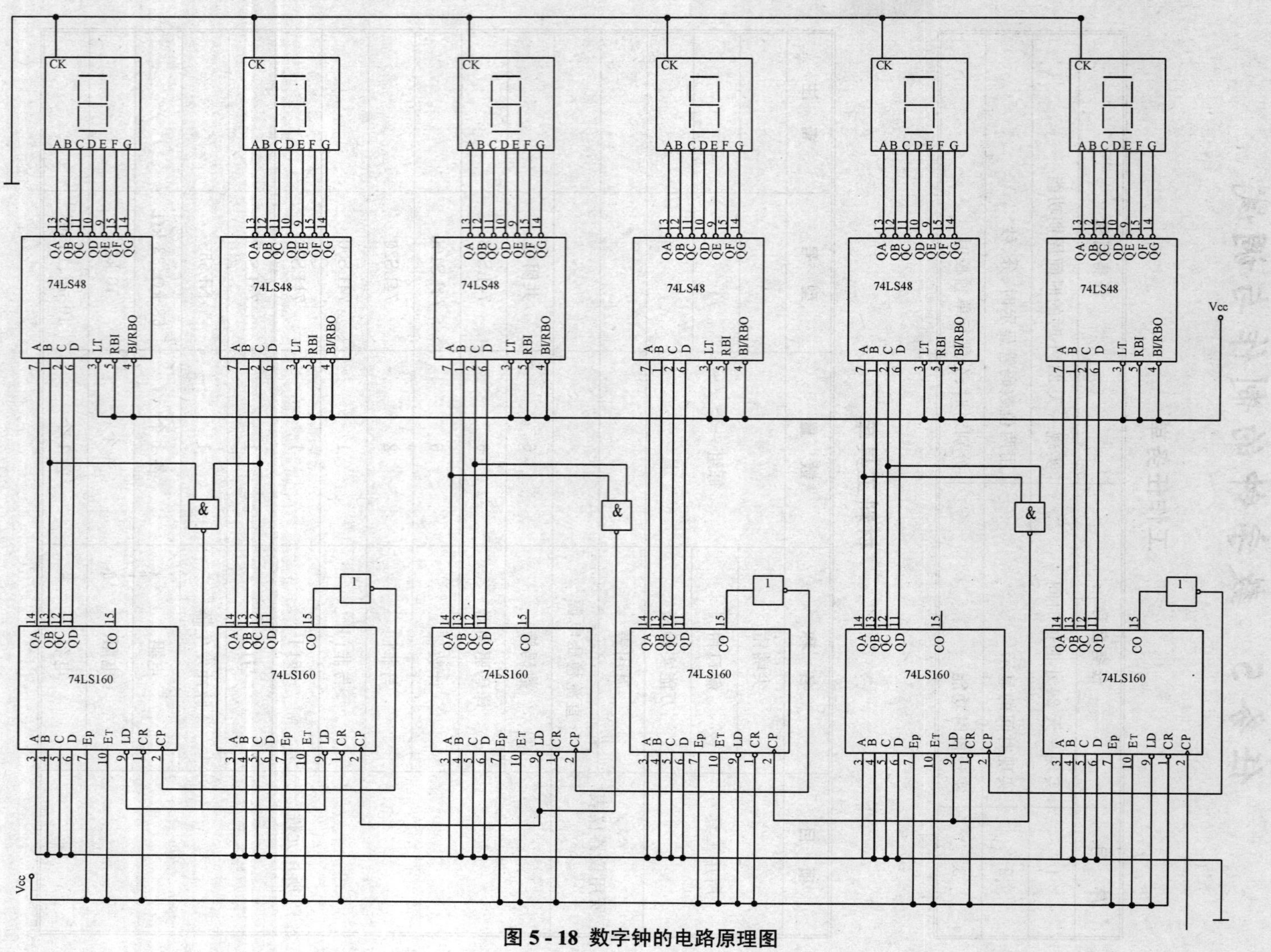

图 5-18 数字钟的电路原理图

的装置，从原理上讲是一种典型的数字电路，其中包括了组合逻辑电路和时序逻辑电路。数字钟电路实际上是一个对标准频率(1 Hz)进行计数的计数电路。数字钟电路由振荡器、分频器、计数器、校时电路、译码器、显示器组成。数字钟的结构如图 5－19 所示。

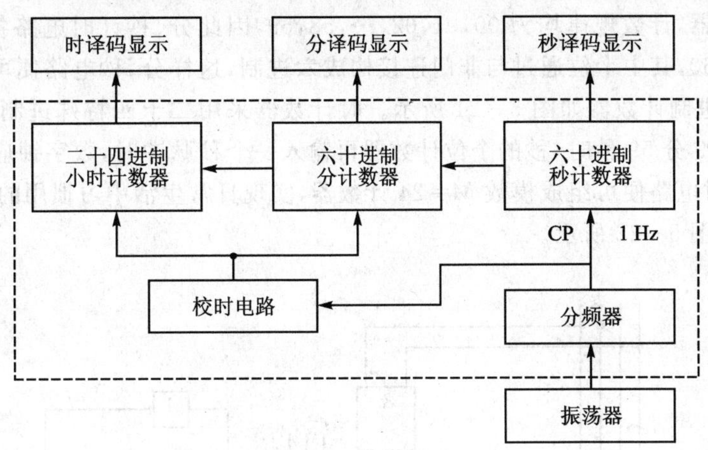

图 5－19　数字钟的结构

一、振荡器电路

振荡电路是数字钟电路的核心部分，主要用来产生标准信号，即频率为 1 Hz 的方波信号，它的准确度直接关系到数字钟的精确度。一般来说，振荡器的频率越高，即时精度越高。通常采用石英晶体振荡器经过分频得到标准信号，也可以采用 555 定时器构成的多谐振荡器作为时间标准信号源。本设计方案采用的是 555 定时器与 RC 组成的多谐振荡器，可省略分频器电路这一部分，如图 5－20 所示。

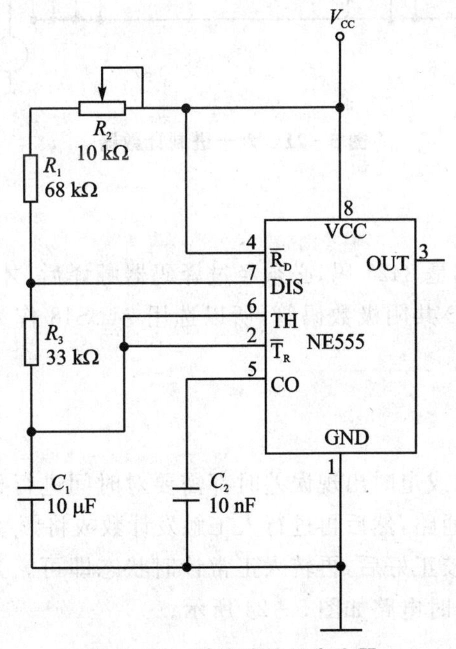

图 5－20　秒脉冲信号发生器

二、计数器电路

有了标准时间“秒”信号后，就可以按设计要求设定时、分、秒计数器。分和秒计数器都采用六十进制计数器，计数规律均为 00，01，02，…，58，59，因此分、秒计时电路各位均采用十进制计数器 74LS160，其中十位通过与非门连接构成六进制，这样分、秒电路便可组成模数 $M=60$ 计数器，六十进制计数器如图 5－21 所示。时计数器采用二十四特殊进制计数器，当数字钟运行到 23 时 59 分 59 秒时，秒的个位计数器再输入一个秒脉冲时，数字钟应自动显示为 01 时 00 分 00 秒，时电路便可组成模数 $M=24$ 计数器，实现日常生活中习惯用的计时规律，二十四进制计数器如图 5－22 所示。

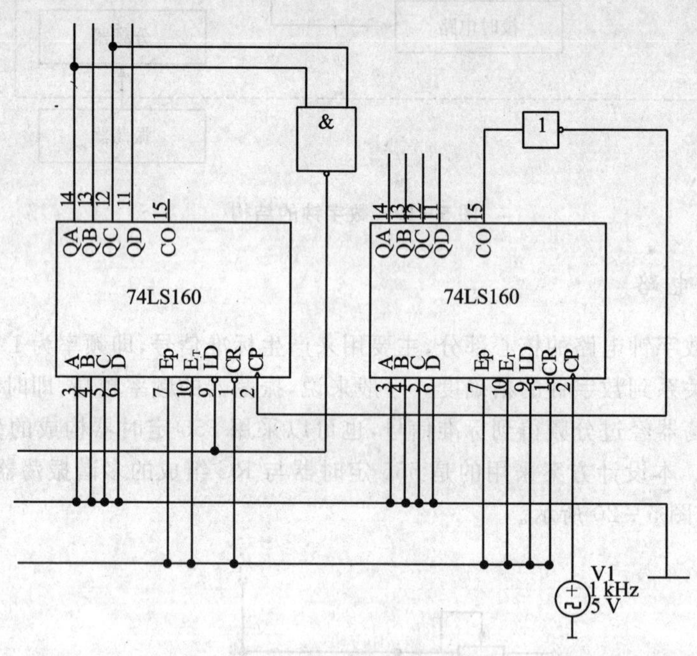

图 5－21　六十进制计数器

三、译码显示电路

秒、分、时的输出信号都是 8421 码，必须经过译码器翻译后，才能显示十进制的信号。本设计方案显示器件选用 LED 共阴极数码管，所以选用 74LS48 作为译码驱动器，译码显示电路如图 5－23 所示。

四、校时电路

当数字钟重新接通电源或走时出现误差时都需要对时间进行校正。通常，校正时间的方法是：首先截断正常的计数通路，然后再进行人工触发计数或将频率较高的方波信号加到需要校正的计数单元的输入端，校正好后，再转入正常计时状态即可。为使电路简单，本设计方案只进行分和小时的校时。校时电路如图 5－24 所示。

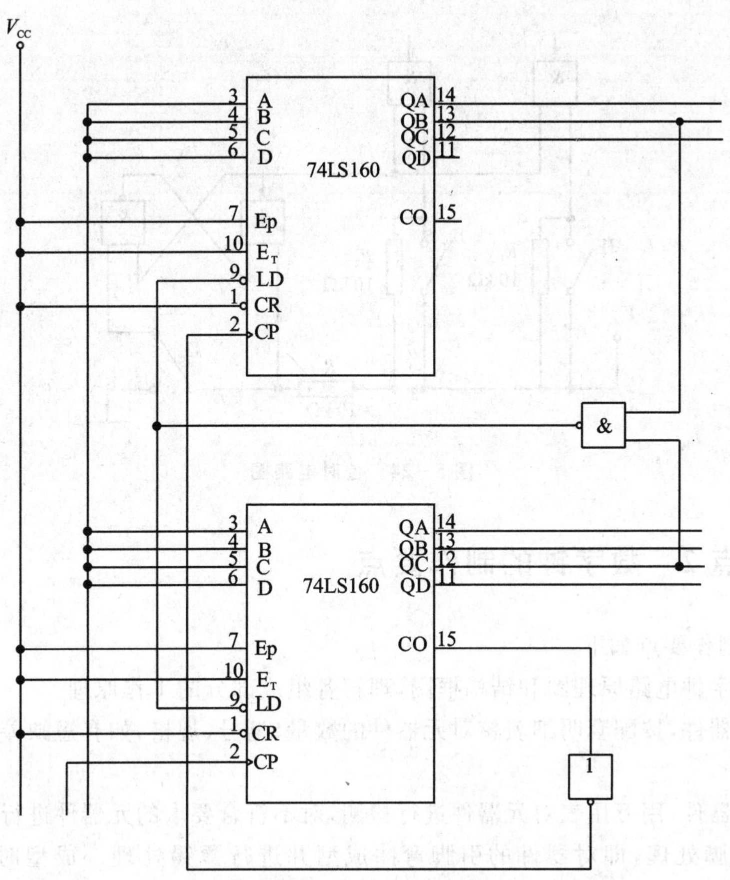

图 5－22　二十四进制计数器

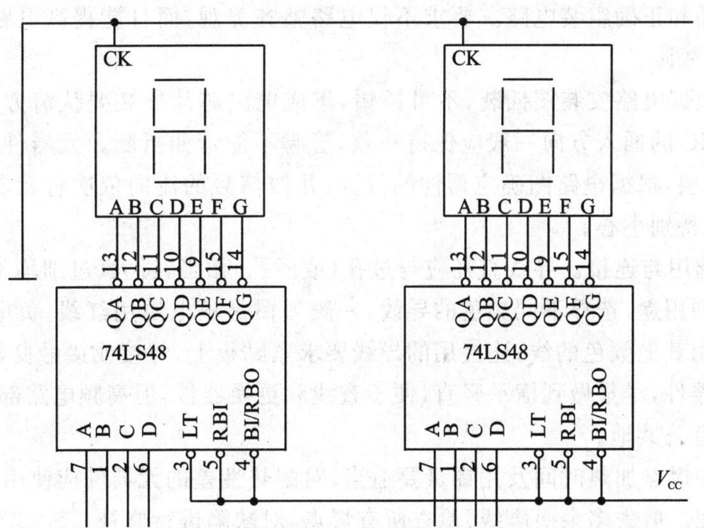

图 5－23　译码显示电路

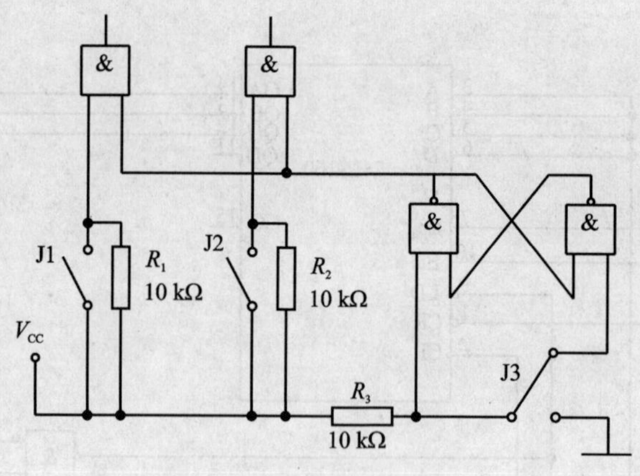

图 5-24 校时电路图

知识要点 2 数字钟的制作要点

数字钟的制作要点如下：

1. 识读数字钟电路原理图和结构框图，理解各组成部分的工作原理。

2. 清点元器件，按配套明细表核对元器件的数量、型号、规格，如有短缺差错，应及时补缺和更换。

3. 检测元器件，用万用表对元器件进行检测，对不符合要求的元器件进行更换或替代。

4. 进行引脚处理，即对器件的引脚弯曲成型并进行烫锡处理。成型时不得从引脚根部弯曲，尽量把有字符的器件面置于易于观察的位置，字符从左到右(卧式)，从下到上(直立式)。

5. 合理布局和正确组装电路。要求不仅电路整齐美观，而且能提高电路工作的可靠性，便于检查和排除故障。

6. 插装。根据电路安装图插装，不可插错，集成电路芯片插装要认清方向，找准第一脚，不要倒插，所有 IC 的插入方向一般应保持一致，管脚不能弯曲折断。元器件的插装要去除元件管脚上的氧化层，根据电路图确定器件的位置，并按信号的流向依次将元器件顺序连接，对有极性的元件应特别小心。

7. 导线的选用与连接。导线直径应与过孔(或插孔)相当，过大、过细均不好；为检查电路方便，要根据不同用途，选择不同颜色的导线，一般习惯是正电源用红线，负电源用蓝线，地线用黑线，信号线用其他颜色的线；连接用的导线要求紧贴板上，焊接或接触良好，连接线不允许跨越 IC 或其他器件，尽量做到横平竖直，便于查线和更换器件，但高频电路部分的连线应尽量短；电路之间要有公共地。

8. 焊接。各焊点加热时间及用锡量要适当，对耐热性差的元器件应使用工具辅助散热。

9. 焊后处理。剪去多余引脚线，检查所有焊点，对缺陷进行修补。

10. 检查各部分电路安装正确无误后，接通 +5 V 电源，进行通电试验。

11. 如若出现故障，则检测元件或对电路进行分析、调试，直至通电试验成功。

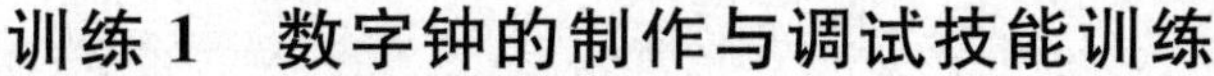

训练1　数字钟的制作与调试技能训练

一、训练目标

1. 通过数字钟的制作与调试技能训练，提高分析与设计数字电路的能力，使理论教学与动手实践相结合，培养独立思考问题和解决问题的能力、灵活运用能力、创新能力和综合实践能力。

2. 通过完成数字电子钟的制作任务，掌握数字钟的原理，以及用到的各种中小规模集成电路作用及应用方法。

3. 会用万用表欧姆挡检测集成芯片管脚和导线，对制作过程中出现的问题找出解决方法，提高技能水平。

4. 提高团队合作意识，培养良好的职业道德和职业习惯。

二、训练设备工具器材

电子综合实训台，稳压电源，示波器，万用表，电工工具，数字钟组件一套等。

三、训练内容

1. 按人数分组，确定每组的组长。

2. 以小组为单位，按照元器件清单清点元件，检测元器件的好坏，及时更换损坏的元器件。要求：小组内每人都要参与测量，由小组给出测量结果。

3. 以小组为单位，在电子综合实训台上，根据数字钟电路的原理图，按照数字钟电路的制作要点进行电路的安装；并对安装好的电路进行调试，并会检查和排除电路的常见故障。要求：安装过程中严格遵循电子产品装配工艺要求，尤其注意集成芯片的方向和有极性元件的管脚，焊接时焊接点应大小均匀、有光泽、无毛刺、无虚焊、无漏焊、无桥接、无接错和漏接现象，并且通电试验成功。小组成员之间要齐心协力，共同制订制作方案，对团结合作好的小组给予一定的加分。

技能考核单

评价类别	考核项目	考核标准	配分/分	得　分
专业能力	元件检测	电阻、电容、开关按钮、数码管、集成芯片的识别及检测	10	
	工具使用	工具使用方法正确	10	
	技术应用	电路合理布局及安装焊接技术电路调试、故障检测与排除	30	
	专业理论	数字钟的基本组成和各部分的工作原理，掌握其设计及制作方法	30	
社会能力	团结协作	小组成员之间合作良好	8	
	敬业精神	遵守纪律，具有爱岗敬业、吃苦耐劳精神	7	
方法能力	计划和决策能力	计划和决策能力较好	5	

参考文献

[1] 朱晓慧. 电工电子产品制作与调试. 北京：高等教育出版社，2008.
[2] 王卫平. 数字电子技术实践. 大连：大连理工大学出版社，2009.
[3] 江华圣. 电工技能实训. 北京：人民邮电出版社，2006.
[4] 王兰君. 零起点速学电工技术. 北京：人民邮电出版社，2007.
[5] 王建. 电工基本技能实训教程. 北京：机械工业出版社，2007.
[6] 梅开乡. 电工职业技能实训. 北京：人民邮电出版社，2006.
[7] 陈国培. 电子技能与实训. 北京：机械工业出版社，2009.
[8] 张仁醒. 电工电子基本技能实训. 北京：机械工业出版社，2005.
[9] 张大彪. 电子技能与实训. 北京：电子工业出版社，2007.
[10] 王建，祁和义. 电子制作实训. 北京：机械工业出版社，2008.
[11] 单海校. 电子综合实训. 北京：北京大学出版社，2008.
[12] 朱永金. 电子技术实训指导. 北京：清华大学出版社，2005.
[13] 杨承毅. 电子技能实训基础. 北京：人民邮电出版社，2007.
[14] 王建，祁和义. 电子制作实训. 北京：机械工业出版社，2008.
[15] 李敏. 电子技能与训练. 北京：电子工业出版社，2007.
[16] 何希才. 稳压电源电路的设计与应用. 北京：中国电力出版社，2006.
[17] 杨帮文. 实用电子小制作精选. 北京：人民邮电出版社，2006.
[18] 李伟. 电子基本技能操作实训. 北京：机械工业出版社，2008.
[19] 李传珊. 新编电子技术项目教程. 北京：电子工业出版社，2007.
[20] 王成安. 电子工艺与实训简明教程. 北京：科学出版社，2007.
[21] 李世英. 电子实训基本功. 北京：人民邮电出版社，2006.
[22] 王新贤. 集成电路速查手册. 济南：山东科学技术出版社，2007.
[23] 陆建国. 应用电工. 北京：中国铁道出版社，2009.
[24] 康华光. 电子技术基础数字部分. 4 版. 北京：高等教育出版社，2000.
[25] 石小法. 电子技能与实训. 北京：高等教育出版社，2006.
[26] 孔晓华. 新编电工技术项目教程. 北京：电子工业出版社，2007.